"十四五"职业教育国家规划教材

职业教育工业分析技术专业教学资源库（国家级）配套教材

化验室组织与管理

第二版

曹栩菡　主　编
毛　娅　副主编

U0387606

化学工业出版社

·北京·

内容简介

《化验室组织与管理》第二版是职业教育工业分析技术专业教学资源库配套教材。本教材全面贯彻党的教育方针，落实立德树人根本任务，在教材中有机融入党的二十大精神，以化验室从无到有应该如何设计和建设，到化验室建设好之后，如何对化验室已有的硬件和软件进行管理为主线，以期提高读者对化验室的全面认知与管理能力，有利于培养化验室分析工作人员分析检验及管理化验室的职业能力。

本书主要内容分为三个项目，项目一为组建分析检验化验室，项目二为管理化验室的硬件设施，项目三为化验室的软件管理。每个项目后均附有"练一练测一测"习题；项目内分为多个任务，每个任务开头由"想一想"引入任务内容；任务结束后附有"任务小结"，对任务的知识点简单总结；有些任务后附有"思考与交流"，针对重要知识点复习理解。本书还将微课、企业案例等丰富的资源做成了二维码，可用于辅助教学，是一本全方位的信息化教材。

本书可作为高职高专分析检验技术专业和其他相关专业的教学用书或参考书，也可作为高职本科院校教材，同时还可作为企业（或第三方检验机构）化验室在职分析化验人员以及相关技术人员的培训用书。

图书在版编目（CIP）数据

化验室组织与管理/曹栩菡主编；毛娅副主编.—2版.—北京：化学工业出版社，2022.1（2024.8重印）

"十三五"职业教育国家规划教材

职业教育工业分析技术专业教学资源库（国家级）配套教材

ISBN 978-7-122-40719-1

Ⅰ.①化… Ⅱ.①曹… ②毛… Ⅲ.①化学实验-实验室-组织管理-高等职业教育-教材 Ⅳ.①O6-31

中国版本图书馆 CIP 数据核字（2022）第 019304 号

责任编辑：刘心怡　蔡洪伟　　　　　　　装帧设计：王晓宇
责任校对：李雨晴

出版发行：化学工业出版社（北京市东城区青年湖南街 13 号　邮政编码 100011）
印　　装：河北延风印务有限公司
787mm×1092mm　1/16　印张 11¾　字数 298 千字　2024 年 8 月北京第 2 版第 4 次印刷

购书咨询：010-64518888　　　　　　　　售后服务：010-64518899
网　　址：http://www.cip.com.cn
凡购买本书，如有缺损质量问题，本社销售中心负责调换。

定　价：35.00 元

第二版前言

《化验室组织与管理》教材于2019年出版，2020年入选"十三五"职业教育国家规划教材。自教材出版至今，被多家高职院校选择使用，受到师生欢迎。根据国家职业教育的发展和要求，编写团队此次对教材内容进行修订，力求完善教材内容。

本次教材修订在保持原教材的特色和风格的基础上，有如下变化：

1. 以项目化引领教材编写，教材内容围绕"组建、管理化验室"两部分展开，强调提高化验室工作人员的质量意识、标准化意识、环保意识、安全意识的重要性，培养其职业荣誉感、职业自豪感；

2. 注重内容选取的科学性和先进性，依据新的国家标准、规范对教材部分内容进行更新；

3. 对教材中某些文字描述进行了修改，使描述更精准；

4. 新添加了实训任务，充分体现"行动导向教学"模式，让读者对重难点知识的掌握更容易；

5. 教材信息量大、配套资源齐全，本教材是国家级"职业教育工业分析技术专业教学资源库"（网址：http://gyfxjszyk.ypi.edu.cn/? q=node/114149）核心课程——"化验室组织与管理"的配套教材，也是四川省"十四五"精品在线开放课程——"化验室组织与管理"（网址：http://coursehome.zhihuishu.com/course Home/1000087704/174560/19♯teach Team）的配套教材，授课视频和教学课件也进行了部分更新；

6. 书中添加了二维码"扫一扫"功能，读者使用手机微信"扫一扫"即可对重难点知识进行预习、复习，随时随地的学习。

本教材注重思政入课，结合教材内容有机融入党的二十大精神。每个任务明确"思政目标"，对培养学生职业荣誉感、职业道德意识、标准化意识、工匠精神、创新意识等职业精神以及树立绿色环保、可持续发展理念和安全意识等高质量发展理念做了明确要求；教材每个教学任务都融入了体现分析检验工作特点的"绿色、环保与可持续发展"理念，贯穿了"安全、环保、精益求精"等分析检验职业意识养成和职业操守教育；注重学生学习方法与依标依法检测意识的养成、严谨细致的职业规范和团结协作精神的培养。充分体现了党的二十大提出的要办好人民满意的教育、实施科教兴国战略、推动绿色发展、加快构建新发展格局等重要精神。

《化验室组织与管理》第二版分为三个项目，项目一组建分析检验化验室，重点介绍了化验室从无到有应该如何设计和建设；项目二介绍如何管理化验室的硬件设施；项目三化验室的软件管理让读者学习在化验室建设好之后，如何对化验室已有的硬件和软件进行管理。作为分析检验技术人员的入门学习教材，肩负着培养"检验人"基础价值取向的使命，本书强调提高从事化验室工作人员的质量意识、标准化意识、环保意识、安全意识的重要性，可作为高职高专分析检验技术专业及其他相关专业的教学用书或参考书，也可作为企业（或第三方检验机构）化验室在职分析化验人员以及相关技术人员入职的培训用书。

本教材纸质书籍中项目一和项目三（任务一、任务三）由四川化工职业技术学院曹栩菡编写与修订，项目二由四川化工职业技术学院毛娅编写与修订，项目三（任务二、任务四）由四川化工职业技术学院张华芳编写和修订。全书由曹栩菡统稿。修订版书籍由杨方文（四川化工职业技术学院）任主审，他对书稿进行了认真审定，并做了具体指导。

　　本书大量的授课视频由四川化工职业技术学院的刘强、杨方文、曹栩菡、张欣、毛娅、张华芳、蒲建林等多位老师精心录制；企业案例的录制得到了四川天华股份有限公司、四川国检检测股份有限公司（国家酒类及加工食品质量监督检验中心）、四川青木制药有限公司、四川依科制药有限公司等相关企业及有关人士的鼎力帮助，在此一并表示衷心感谢。

　　限于编者水平有限，书中仍然难免有疏漏之处，恳请专家和读者加以批评指正。

编者

目　录

项目一

组建分析检验化验室

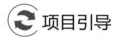 项目引导

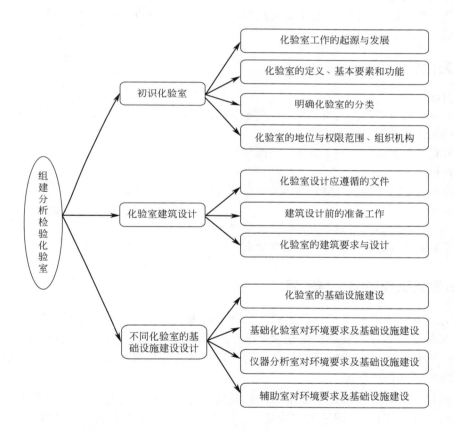

人类社会的各种活动，凡是涉及化学现象的研究都离不开分析检验。其中在工业原料的选择、"三废"的综合利用、土壤普查、农作物的营养诊断、水质的化验等方面都是依靠各类化验室分析检验系统的分析检验工作加以控制和确认的。分析检验作为国民经济的重要组成部分，能够准确、及时地反映出所分析的数据，可以使人们在物质文化生活、各行业的生产、科学研究、环境保护等方面所需的物资、材料、仪器、产品等的质量得到保障。

任务一　初识化验室

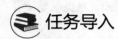 任务导入

鼻子闻到花香是因为芳香物质的分子扩散到空气中，分析检验可以分析各种花所散发出的芳香物质的种类、含量；水是生命之源，生活饮用水水质的优劣与人类健康密切相关，饮用水的检测项目有：色度、浑浊度、余氯、化学需氧量、细菌总数、大肠菌群等。化验室就是提供这些检测行为的场所。

请思考：

1.生活中还有哪些与分析检验相关的工作？最早的分析检验是以什么形式开展的？现今的分析检验工作的发展趋势是什么样的？

2.在企业里，化验室的主要任务是完成对原辅料、半成品和产品质量的分析检验技术工作，为什么要引入组织管理工作，有何意义？

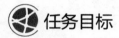 任务目标

知识目标：

1.了解分析检验工作的起源、发展，化验室的作用；

2.了解现代化验室的发展趋势；

3.理解化验室的定义、基本要素、功能和分类。

能力目标：

能简单描述不同类型化验室的基本功能以及在生产生活中的重要作用。

思政目标：

1.建立专业自豪感，传递刻苦钻研、团结协作和工匠精神；

2.培养职业荣誉感和自豪感，激发学生不忘初心、坚定信仰的理想信念。

一、分析检验工作的起源与发展

企业化验室承担着产品指标控制和工艺研发的重要任务，对产品质量控制起到极为重要的作用，化验室的建设与管理工作是企业工作的重要组成部分。改革开放以来，我国企业大力发展自己的化验室，化验室无论是从数量上还是从装备质量上都得到了明显发展。

1.分析检验工作的起源

先秦时代，出现了一部最早提出对产品质量进行检验，以衡量产品是否满足需要这一概念的书籍——《考工记》，记述内容涉及木工、金工、皮革工、染色工、玉工、陶工等六大类、30个工种。该书中分别介绍了车舆、宫室、兵器及礼仪乐器等的制作工艺和检验方法，涉及多个学科方面的知识和经验总结。

公元1103年北宋朝廷颁发的中国建筑史上第一部国家技术标准——《营造法式》和明朝末年宋应星所著的农业和手工业标准化教科书——《天工开物》，除了表述生产的技术工艺、操作方法、质量要求等以外，都要求进行生产过程的控制和产品最终质量的检验。

直到18世纪欧洲工业革命之前，我国的生产方式都是比较简单的，生产技术水平也不高，而其中出现的分析检验工作也是简单粗略的，可概括为"眼看、耳闻、口尝"，例如：木工在做家具、修建房屋等工作中，木材被刨直，是用肉眼观察后进行判断的；检验稻谷的质量也是

用肉眼来观察稻谷颗粒是否饱满、是否均匀；以甲拨动刀刃，是靠闻（听）刀刃振动发出的声音清脆程度来加以确定的；银币真伪的识别，也是用口对着银币吹气，再闻（听）其振动发出的声音加以判断；食品质量的控制与检验基本是用口尝，最典型的是白酒质量的控制与检验，即对以基酒、水和其他辅料勾兑的成品酒，采用口尝方法来确定勾兑的结果。

2. 分析检验工作的发展

截至 2021 年底，我国共有检验检测机构 51949 家，同比增长 6.19％。全年实现营业收入 4090.22 亿元，同比增长 14.06％。从业人员 151.03 万人，同比增长 6.97％。共拥有各类仪器设备 900.32 万台套，同比增长 11.42％，仪器设备资产原值 4525.92 亿元，同比增长 9.88％。2021 年共出具检验检测报告 6.84 亿份，同比增长 20.58％，平均每天对社会出具各类报告 187.31 万份。

码1-1 分析检验
工作的发展

2021 年，全国检验检测服务业中，规模以上（年收入 1000 万元以上）检验检测机构数量达到 7021 家，同比增长 9.46％，营业收入达到 3228.3 亿元，同比增长 16.37％，规模以上检验检测机构数量仅占全行业的 13.52％，但营业收入占比达到 78.93％，集约化发展趋势显著。目前，全国检验检测机构 2021 年年度营业收入在 5 亿元以上机构有 56 家，同比增加 14 家；收入在 1 亿元以上机构有 579 家，同比增加 98 家；收入在 5000 万元以上机构有 1379 家，同比增加 182 家。表明在政府和市场双重推动之下，一大批规模效益好、技术水平高、行业信誉优的中国检验检测品牌正在快速形成，推动检验检测服务业做优做强，集约化发展取得成效。

民营检验检测机构继续快速发展。截至 2021 年底，全国取得资质认定的民营检验检测机构共 30727 家，同比增长 12.54％，民营检验检测机构数量占全行业的 59.15％。近 8 年，民营检验检测机构占机构总量的比重分别为 26.62％、31.59％、40.16％、42.92％、45.86％、48.72％、52.17％、55.81％和 59.15％，呈现明显的逐年上升趋势。2021 年民营检验检测机构全年取得营收 1656.91 亿元，同比增长 19.04％，高于全国检验检测行业营收年增长率 4.97 个百分点。

电子电器等新兴领域〔包括电子电器、机械（含汽车）、材料测试、医学、电力（包含核电）、能源和软件及信息化〕继续保持高速增长。2021 年，这些领域共实现收入 737.71 亿元，同比增长 23.48％，相较而言，传统领域〔包括建筑工程、建筑材料、环境与环保（不包括环境监测）、食品、机动车检验、农产品林业渔业牧业〕2021 年共实现收入 1608.17 亿元，同比增长 13.48％。总的来说，传统领域占行业总收入的比重仍然呈现下降趋势，由 2016 年的 47.09％下降到 2021 年的 39.32％。

3. 现代企业的化验室

现代生产企业的化验室工作主要体现在两个方面：

一是组织管理工作。它的意义在于通过管理者运用计划、组织、领导、控制等各种管理技术、方法和手段，引导和组织起有效有序的分析检验技术工作和其他工作，并使化验室的人力、物力、财力和信息等资源得到有效和充分的利用。

二是分析检验技术工作。现代化验室集化学分析、仪器分析的功能于一体，各种计量仪器、检验设备和化学试剂等均被应用，如化学分析的称量瓶、烧杯、容量瓶、移液管、滴定管、分析天平、电子天平、恒温电热烘箱、恒温电热水浴加热器、马弗炉等；仪器分析的可见、紫外、红外、荧光、原子吸收分光光度计，自动电位滴定仪，库仑分析仪，气相、高效液相色谱仪，X 射线衍射仪，核磁共振波谱仪，以及复合型分析仪器（如气质联用仪）等。依据被检验物的化学性质或物理性质、物理化学性质，以及所使用的计量仪器、检测设备和化学试剂等建立的分析检验方法，在化工、石油、医药、冶金、轻工、电子、建材、纺织、农业、商业、环保等行业或部门得到广泛应用。

分析检验方法的灵敏度也在不断提高，如可见分光光度法可测到的检验组分的最低含量为 10^{-5}％，原子吸收分光光度法的绝对检测限可达 10^{-14}g。特定的分析检验方法广泛地用于被检验组分为常量（＞1％）、微量（0.01％～1％）和痕量（＜0.01％）的分析检验。

化验室的组织管理工作和分析检验技术工作有机地结合在一起，对企业的生产控制、技术改造、新产品试验等起到了无可替代的作用，保证了化验室工作和任务的完成。

随着科学技术的不断发展，化学计量学和过程分析化学等新兴科学在现代工业生产和化验室中得以应用，摆脱了传统的离线分析检验，实现了生产工艺流程质量指标的现场直接控制以及远程监测等。分析检验人员从单纯的数据提供者转为由分析检验数据获取有用信息、控制生产过程、提高产品质量的参与者和决策者。

如：养生堂物联网智慧工厂通过嵌入式的工业系统设计（图1-1），使12道生产工序的所有机器设备及环境监测设备全部相连，每台设备的生产及运行数据都显示在47台"业务终端"的屏幕及管理者的电脑和移动终端上，所有数据均储存于服务器上，并在报表平台进行自动整理分析，形成个性化的各类图表。通过人机交互，实现数据和信息的实时共享。我国某氯碱生产集团从英国引进的离子膜电解生产烧碱的生产现场见图1-2，整个工程无分析检验岗位，生产工艺流程中的分析检验控制点均装有自动报警装置，用以提示生产工艺指标是否正常，实现了工艺流程质量的现场直接控制。

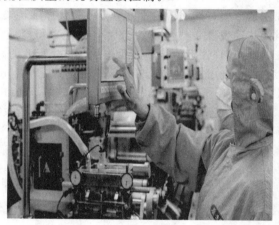

图 1-1   养生堂物联网智慧工厂

图 1-2   离子膜电解生产烧碱的生产现场

二、化验室的定义、基本要素和功能

凡是涉及产品生产的企业都要成立化验室，以便对原料、半成品及成品的质量进行分析化验，为全厂的生产管理提供科学依据。如果把企业比作一个人的话，化验室就好比是企业的眼睛，由此可见，化验室在企业生产中的地位是非常重要的。

1. 化验室的定义

以化验室的属性来区分，专业化验室指专门以校准或检测为主要业务的独立机构，它不从事校准或检测以外的业务（比如生产、制造、经营或销售等），比如各地的质检院、所、站。与之相对的，附属于生产制造、经营或销售机构的非独立化验室，我们一般不称为专业化验室（比如某生产企业的化验室），尽管这两种化验室的设备和检测能力可能是一样的。

微课扫一扫
码1-2 化验室
的定义

以化验室的技术能力范围来区分，专业化验室这个说法是相对通用化验室而言的。一般来说，专门检测某类产品的质量、安全或性能等指标的，称为专业化验室，而检测不同类产品的共同指标的称为通用化验室。当然，现实中比较复杂，因检测范围交叉、重合等，许多化验室兼具两种技术能力。

从物质属性的角度定义，化验室是为控制生产、技术改造、新产品试验及其他科研工作而进行分析检验等工作的场所。

从社会属性的角度定义，化验室是化验系统组织机构的基本单位。为此，化验室被赋予了明确的目标和任务，集合了一定的能力、物力、财力和信息等资源，且在时间和空间内进行了合理有效的配置，构成了与分析检验的目标、任务要求等相适应的综合管理和技术环境，并由相关的各类人员有组织地进行管理和分析检验等工作。

从功能的角度定义，化验室是工业生产企业的检测化验室习惯上的简称。因为在工业生产企业，尤其是化工生产企业，分析检验工作的核心任务是完成对原辅材料、半成品和产品的理化检验，即依据被检验物质的物理性质、物理化学性质或化学性质对被检验样品进行物理常数、化学组成等的分析检验，从而确定其是否符合生产工艺指标或质量标准的要求，为指导和控制生产的正常进行，以及原辅材料和产品试验等提供服务。

2. 化验室的基本要素

① 明确目标和任务，如原辅材料分析检验、生产中控分析、产品质量检验及为技术改造或新产品试验提供分析检验，化验室的目标和任务是其中的一种或多种。

② 一定数量的化验室工作人员，包括管理人员、技术人员和其他辅助人员。在技术人员方面应从专业、技术层次和年龄结构等方面进行合理配置。

③ 必要的化验室建筑用房、仪器设备等，如水、电、气、通风、采暖、废弃物处理等设施。

④ 必要的经费，如仪器设备购置、维护保养和维修经费，分析检验消耗试剂、药品和材料经费，其他经费。

⑤ 有关的信息资料，如管理资料、文件、技术标准、分析检验方法、分析操作规程等。

3. 化验室的功能

① 原辅材料和产品质量分析检验功能是对企业生产所需用的原辅材料、最终产品按执行标准和分析检验方法进行正确的分析检验并得出正确结论

微课扫一扫
码1-3 化验室
的功能

的功能。

②　生产中控分析检验功能是对企业生产中的半成品按执行标准和分析检验方法进行分析检验得出正确结论的功能。

③　为技术改造或新产品试验提供分析检验的功能是对企业生产中的半成品按执行标准和分析检验方法进行正确的分析检验和得出正确结论的功能。

④　为社会提供分析检验的功能是根据社会需要，提供一定分析检验技术服务的功能。

微课扫一扫
码1-4　化验室
的分类

三、化验室的分类

在现代化工企业中分级设有中控分析室、质量检验（科、处、中心）。其中，中控分析室负责产品生产过程的质量、安全等指标检测，它执行的是企业或行业制定的分析方法和指标。质量检验是企业对进出企业的产成品、原料等进行质量检验的部门，它执行的是国家、行业规定的标准。两企业间签订的专供专用品标准，只适用于两企业间。大一点正规一点的企业还设有安全、环保分析室，分别负责生产安全、检修及环境保护方面的监测，执行国家和行业标准。在大型和高科技企业设有技术中心（研究所、院），其部门中设有化验室，负责新产品的试验开发。现今，化验室主要可依据以下方法进行分类。

（一）按认可（证）资格条款分类

1. 双重认可（证）化验室

中国实验室国家认可委员会（CNAL）是由原中国实验室国家认可委员会（CNACL）和原中国国家出入境检验检疫认可委员会（CCIBLAC）合并组建的。CNACL和CCIBLAC均为亚太化验室认可合作组织（APLAC）和国际化验室认可合作组织（ILAC）的正式成员，并签署了ILAC-MRA（相互承认协议）和APLAC-MRA（相互承认协议）。

双重认可（证）化验室是获得了中国实验室国家认可委员会认可，同时又有地方技术监督机构认证的化验室，即符合《化验室认可准则》文件规定的要求，并按《化验室认可管理方法》文件规定，办理"认可申报"，提交足够的认可申报材料，经中国实验室国家认可委员会或其派出机构进行审查考核并获得认可的化验室。此类化验室的优势在于除了具有必备的实验硬件以外，更重要的是实行了严格的化验室质量管理，建立有化验室质量体系并投入运行，具有较高的化验室水平和化验室工作质量。国家认可的是化验室的工作能力、水平和质量，地方技术监督机构认证的是它从事分析检验的法定资格。

2. 技术监督机构认证化验室

技术监督机构认证化验室是还未得到中国实验室国家认可委员会或其派出机构进行审查考核和认可的化验室。其化验室水平和化验室工作质量相对还存在一些不足，但取得了地市级及以上技术监督机构认证的从事分析检验的法定资格。

图1-3　中国实验室
认可标志

中国实验室认可标志见图1-3。

（二）按主要使用的分析检验方法分类

1. 化学分析检验室

化学分析检验室主要采用的分析方法为化学分析法，包括滴定分析法和重量分析法。滴定分析法有酸碱滴定法、氧化还原滴定法、沉淀滴定法、配位滴定法，重量分析法有沉淀重量法、电解重量法和汽化法。

这类化学分析检验室的特点是使用的分析仪器设备简单，多为一些生产规模较小、生产工艺简单、产品比较单一的生产企业采用。

2.仪器分析检验室

仪器分析检验室主要采用的分析方法是仪器分析法。常采用的仪器分析法有光学分析法（包括：比色法、红外光谱法、原子吸收光谱法、激光拉曼光谱法、化学发光分析法等）、电化学分析法（包括：电位分析法、电解分析法、极谱法、库仑分析法等）、色谱分析法（包括：气相色谱法、液相色谱法、离子色谱法）、质谱法、毛细管电泳法等分析方法。

这类分析检验室的特点：使用的分析仪器设备大型、复杂、投资大，分析检验成本相对较高，分析检验操作简单，分析检验速度较快，灵敏度高。这类分析检验室多为一些生产规模较大、生产工艺复杂、对分析检验速度和结果要求较高、资金雄厚的大中型生产企业所采用。

（三）按功能分类

1.中控化验室

中控化验室是为了控制生产工艺，提供分析检验数据的化验室。其一般设置在生产企业的车间或工段上，主要从事生产原材料、半成品的分析检验，及时为生产工艺控制部门提供分析检验数据，确保生产工艺的各项指标处于规定的正常范围内。中控化验室所采用的分析检验方法一般要求分析检验的操作简单，速度较快，结果准确度不一定很高。中控化验室在业务上受中心化验室的监督和指导。

2.中心化验室

中心化验室是具备按企业生产和质量管理的要求履行产品检验、控制和监督以及技术改造或新产品试验等科研活动提供服务等功能的化验室。中心化验室（简称中控室）一般具有分工明确的各类化验室及业务所需的专业技术人员及仪器设备、化学试剂、各类器材、计算机系统、管理和技术文件等，有职责分明的各级行政管理体系和完备的分析检验工作质量保证体系。中心化验室有对下属化验室实施业务指导和监督的职责与职能。

中心化验室数据的得出，要经取样、运输与转移、分发或分装、预处理、检测等多个步骤，这期间要保证数据的代表性与可靠性，每一步的操作要符合相关规程，同时相关人员要符合一定的资质要求，需要有好的职业责任与态度。而对于这些数据的最终审核，化验室还需要一些有生产经验的人对数据进行合理性判断。这样的程序不是每天、每个样品都要进行，但对于一些异常的和关键的数据，则是必要的。

中控室的操作数据是连续的，即使物料性质、操作条件偶尔产生波动或扰动，一般不会对产品及中间操作造成较大的影响。但在样品检验分析过程中，影响数据的可靠性与准确性的不确定因素相对较多，所以中控室对异常数据有疑问是合理的。若化验人员对生产工艺、装置操作条件、取样过程及化验都有一定了解或较多的实际经验，应该能够对异常数据给出让人信服的解释与说明，甚至可以从操作控制的历史记录中找到一些可以说明分析数据异常的佐证。这一过程就需要化验室与中控室有技术层面的沟通。

中控室操作数据对于化验室分析数据而言是相对宏观的，化验室的分析结果对于中控室对生产过程的了解与反馈是相对具体的（具体时间、取样点、样品性质等）。

（四）按特性划分

按化验室特性划分，可分为干性化验室与湿性化验室、主化验室与辅助化验室、常规化验室与特殊化验室及危险性化验室。

1. 干性化验室与湿性化验室

干性化验室是指精密仪器室、天平室、高温室等不使用或较少使用水的化验室。湿性化验室是指进行样品处理、容量分析、离心、沉淀、过滤等常规化验而需要配备给排水的化验室。

2. 主化验室与辅助化验室

（1）主化验室　主化验室是指进行分析、研究等核心试验的主要化验室，如精密仪器室等。

（2）辅助化验室　辅助化验室是指实现核心试验的辅助性化验室，如天平室、高温室、样品室等。

3. 常规化验室与特殊化验室

（1）常规化验室　常规化验室是指无压差及净化要求的普通化学化验室、生物化验室及物理化验室。

（2）特殊化验室　特殊化验室是指洁净化验室、防静电化验室、恒温恒湿化验室、移动化验室等满足特殊需要的化验室。特殊化验室还包括生物安全化验室、辐射性化验室、易燃易爆危险品化验室等对人或环境有潜在危险性的化验室。

（五）按学科划分

按学科划分，化验室可分为化学化验室、生物化验室、物理化验室。

1. 化学化验室

化学化验室主要从事无机化学、有机化学、高分子化学等领域的研究、分析和教学工作，一般包括精密仪器室、天平室、标液室、药品室、储藏室、高温室、纯水室等。其主要是进行样品处理、容量分析、离心、沉淀、过滤等常规试验和操作或仪器分析等。

2. 生物化验室

生物化验室分为动物学化验室、植物学化验室和微生物化验室。

（1）动物学化验室　动物学中常见的毒理试验是从生物学角度研究化学物质对生物机体的损害作用及其机制，动物学化验室是进行毒性鉴定、安全性评价和功能机制的检验和研究场所，包括普通动物化验室和洁净动物化验室，一般由前区、饲养区、动物化验室、辅助区组成。

（2）植物学化验室　植物学化验室主要进行植物解剖、制片染色、细胞化学成分的测定、微生物检测、基因的分离纯化、体外扩增技术、蛋白质定量测定、电泳分析等试验。

（3）微生物化验室　微生物化验室分为病原微生物化验室和卫生微生物化验室。

① 病原微生物化验室　病原微生物化验室主要以病毒及细菌的鉴定和分类为主，化验室涉及1～4类病毒（菌），危害比较大，这种危害包括对人的危害、对环境的危害，同时包括对试验对象的危害。所以，病原微生物化验室应在特殊的化验室——生物安全化验室中设立。

② 卫生微生物化验室　卫生微生物化验室主要以产品检测和检验为主，危害较小或无

危害，试验对象主要为食物、化妆品、空气和水等，重点注意的是环境对样品的污染及样品之间的污染，所以卫生微生物化验室主要在洁净化验室中设立。

3. 物理化验室

物理化验室包括电学化验室、热学化验室、力学化验室、光学化验室、综合物理化验室等。

（六）按行业划分

按行业划分，化验室可分为疾病预防控制中心化验室、出入境检验检疫系统化验室、产品质量检验机构化验室、农产品检验机构化验室、药品检验机构化验室、医学检验机构化验室、分析测试中心化验室、科研孵化器化验室、公安系统化验室、水质检验化验室、环境监测化验室、核电系统化验室、教学系统化验室、工厂化验室等。虽然行业化验室根据其行业特性有不同的名称，其实都离不开干性化验室或湿性化验室的范畴，属于化学化验室、生物化验室或物理化验室。

四、化验室的地位与权限范围、组织机构的设置

（一）化验室的地位和隶属关系

1. 化验室的地位

企业的化验室作为企业产品的质检机构，具有法律地位。这种法律地位是其他部门所不能替代的。在检验工作中，中心化验室应具有独立开展业务的权力，不受任何行政干预，在组织机构、管理制度等方面相对独立。中心化验室应严格遵守企业的质量手册，坚持实事求是的原则，科学、公正地完成每一项检测工作。

2. 化验室的隶属关系

企业的中心化验室属于企业的二级机构，是从事产品及原料分析检验、三废检测、方法研究、技术开发等的试验或科研的实体。认可的化验室应配备能满足检验项目的仪器设备，以及具有能满足检验工作需要的场所设施和环境条件，并根据所承担的任务积极开展科学试验工作，努力提高试验技术，完善技术条件和工作环境，以保证高效率、高水平地完成各项任务，维护化验室质检机构的合法权益。

（二）化验室的权限范围

不同的化验室具有不同的权限范围，即权限范围有大有小，承担的责任有轻有重。现以中心化验室为例，就权限范围简述如下。

中心化验室（质检科）是企业产品的核心检验部门，它负责企业产品的全面质量检验工作，所出具的结果具有法律效力，是企业中的一级质检机构，企业中的其他化验室都隶属于中心化验室。它的权限范围是：

① 对出厂的产品和进厂的原料有独立行使监督检验的权力；

② 有权对产品质量及生产过程的检验、质量管理、质量事故进行监督考核，有权行使质量否决权；

③ 对违反质量法规的行为有权制止，并对所涉及的单位和个人提出处理意见；

④ 有权代表企业处理质量拒付和争议以及企业内质量仲裁。

各企业可根据实际情况授予中心化验室可行使的权限。

(三) 化验室组织机构设置

化验室组织机构根据企业规模和企业目标不同，可有多种形式（图 1-4～图 1-8）。常见的化验室组织机构如图 1-4 所示，图中每个机构都应有一组工作人员（可兼职）各司其职。

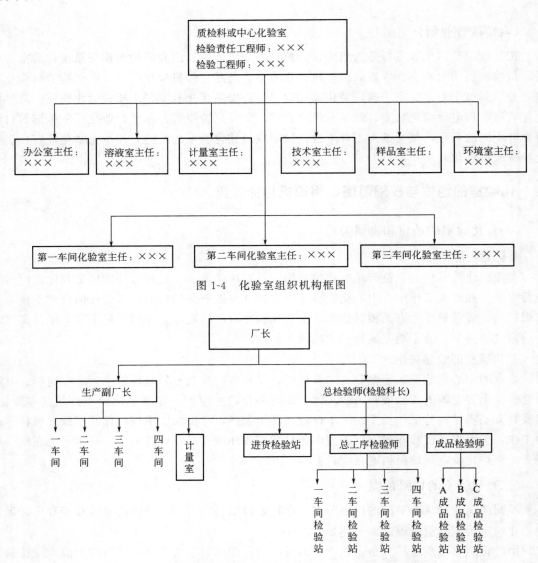

图 1-4　化验室组织机构框图

图 1-5　集中职能领导下检验部门的组织结构（按检验形式组成）

分散职能：总检验师对各单位负责，但检验单位无专人对检验数据负责。特点是管理层次少，管理费用低。

集中职能：一层一层的检验师负责制，最后直达检验员，对产品质量层层把关，有问题可以追查到人，这样的纵向管理避免了人为横向干扰，加强了对产品质量实施有效的监督管理，强化了检验部门的"质量否决权"。特点是管理层次多，管理费用高。

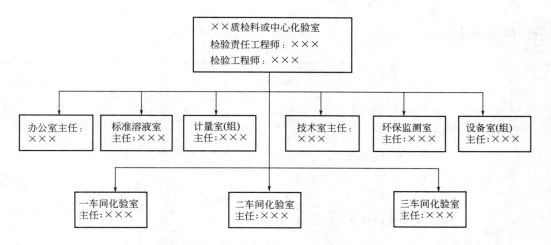

图 1-6　集中职能领导下检验部门的组织结构（按检验形式组成）

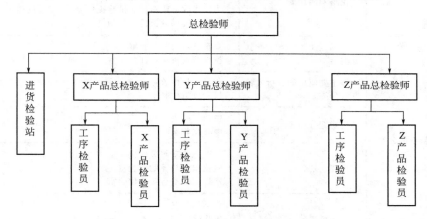

图 1-7　按产品品种组织的集中职能领导的内部结构形式

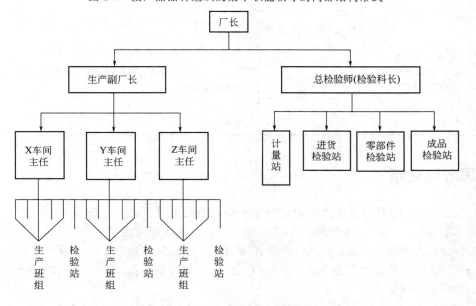

图 1-8　分散职能领导的检验组织机构

任务小结

认识化验室	分析检验工作的起源与发展	分析检验工作的起源	
		分析检验工作的发展	当代分析检验技术发展的趋势是在理论上与其他学科相互渗透,在方法上趋向于各类方法相互融合,在检验技术方面,提高了测定的特效性、灵敏度,减少了分析操作步骤,加快了分析速度
		现代企业的化验室	现代生产企业的化验室工作主要体现在两个方面:一是组织管理工作;二是分析检验技术工作
	化验室的定义、基本要素和功能	化验室的定义	以化验室的属性和技术能力范围来区分,从物质属性、社会属性、功能的角度定义
		化验室的基本要素	检、人、环/机、料、法
		化验室的功能	原辅材料和产品质量分析检验功能 生产中控分析检验功能 为技术改造或新产品试验提供分析检验的功能 为社会提供分析检验的功能
	化验室的分类	按认可(证)资格条款分类	双重认可(证)化验室 技术监督机构认证化验室
		按主要使用的分析检验方法分类	化学分析检验室 仪器分析检验室
		按功能分类	中控化验室 中心化验室
		按特性划分	干性化验室与湿性化验室 主化验室与辅助化验室 常规化验室与特殊化验室
		按学科划分	化学化验室 生物化验室 物理化验室
	化验室的地位与权限范围、组织机构的设置	化验室的地位和隶属关系	化验室的地位:企业的化验室作为企业产品的质检机构,具有法律地位。 化验室的隶属关系:企业的中心化验室隶属于企业的二级机构
		化验室的权限范围	在分析检验程序中所行使的有效权限范围,不同的化验室具有不同的权限范围
		化验室组织机构设置	分散职能 集中职能

思考与交流

1. 某公司目前正在讨论合理的食品检验中心科室设置问题,为了确保体系的正常运行,内部要求配有技术负责人和质量负责人各1名。讨论结果可能设置综合办公室、化学分析室、感官分析室、天平室、仪器分析室、环保监测室、设备室、计量室、样品预处理室、电热室等。你认为上述科室设置是否合理?请利用上述相关的科室设置,画一幅相对合理的该检验中心的组织结构框图。

2. 现代化验室的工作范围、特点分别是什么?化验室可以分为哪些类别?

任务二 化验室建筑设计

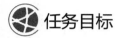 **任务导入**

1. 化验室建筑设计时需要考虑的因素有哪些？
2. 化验室建筑设计时要怎样才能做到防振、防静电？

任务目标

知识目标：

1. 了解化验室建设时应遵循的文件和准备工作；
2. 掌握化验室建筑要求与设计要点；
3. 了解化验室建筑布局的类型；
4. 了解化验室防火、防爆、防雷、防振和电磁屏蔽的方法。

能力目标：

1. 能利用所学知识检查化验室是否满足建筑基本要求；
2. 通过查找、对照文件，能按规定设计各类化验室。

思政目标：

1. 培养职业荣誉感和自豪感、安全意识；
2. 加强学生以自身专业能力为国家作贡献的使命感，引导学生成长为具有良好职业修养的技能性人才。

根据化验任务需要，化验室需要配备贵重的精密仪器和各种化学药品，其中不乏易燃及腐蚀性药品。另外，在操作过程中常产生有害的气体或蒸气。因此，对化验室的房屋结构、环境、室内设施等有特殊的要求，在筹建新化验室或改建原有化验室时都应考虑。

一、化验室建筑设计应遵循的文件

化验室的整体工作环境不同于普通的办公环境，它有着更高技术层面的要求，而且不同领域化验室又有着不同的需求，差别还十分大。化验室要求在远离灰尘、烟雾、噪声和振动源的环境中，因此化验室不应建在交通要道、锅炉房、机房及生产车间近旁（车间化验室除外）。为保持良好的环境条件，一般应为南北方向。因此，对化验室建筑的设计有着较高的要求。

建筑设计依据的文件有：

① 主管部门有关建设任务使用要求、建筑面积、单方造价和总投资的批文，以及国家有关部委或各省、市、地区规定的有关设计定额和指标。

② 工程设计任务书。由建设单位根据使用要求，提出各个化验室的用途、面积大小以及其他的一些要求，化验室工程设计的具体内容、面积、建筑标准等都需要和主管部门的批文相符合。

③ 城建部门同意设计的批文，内容包括用地范围，以及有关规划、环境等建设部门对拟建化验室的要求。

④ 委托设计工程项目文件。建设单位根据有关批文向设计单位正式办理委托设计的手

续，规模较大的工程还常采用投标方式，委托中标单位进行设计。

设计人员根据上述设计的有关文件，通过调查研究，收集必要的原始数据和勘探设计资料，综合考虑总体规划、基地环境、功能要求、结构施工、材料设备、建筑经济以及建筑艺术等多方面的问题，进行设计并绘制成化验室的建筑图纸，编写主要意图的说明书与图纸，编写各化验室的计算书、说明书以及概算和预算书。

二、建筑设计前的准备工作

（一）制订计划任务书

在制订化验楼或研究所的计划任务书时，科研人员（包括化验室管理人员）、基建人员、设计人员要密切配合，才能制订好化验室计划任务书。计划任务书的制订是化验室建设全过程中的前期工作。

第一，应正确选定各类化验楼的定额指标，如每人所占化验楼的建筑面积是多少，化验楼的平面系数是多少，化验楼的造价是多少等。

第二，编制计划任务书。建设单位科研人员和设计单位的设计人员最好提前进行联系，在初步调查研究的基础上，正确掌握化验室主工艺资料、仪器设备的型号以及工艺对土建设计的要求，共同编制计划任务书。科研人员和设计人员在协作中应避免两种偏向：一是由于有些研究人员片面地认为工艺设计是科研人员的事，建筑设计人员仅仅是搞立面造型设计的，科研人员所提供的简图不能修改；二是建筑设计人员片面地坚持自己的意见，未能紧密配合工艺要求。在出现上述两种偏向的情况下进行设计，是不可能作出较为满意的设计方案的。

第三，基本建设的计划任务书批准后，设计单位根据要求进行调查研究，收集国内外相关资料，吸取经验教训方可进行设计。

设计任务书的内容包括（单项工程见表1-1，总建筑面积、总投资见表1-2）：

（1）化验室建设项目总的要求和建造目的的说明

① 建设单位　如某研究所、某学院或某工厂。

② 建设项目　如某化验楼或某研究楼。

③ 建设性质　如新建、扩建、改建。

④ 建设地点及用地　尽可能说明工程项目的具体位置，并附图标明。在节约用地的原则下，尽可能少用土地。

⑤ 建设的目的、依据及规模　说明为什么要建设此项目，主要解决什么问题，化验室基地范围、大小，周围原有建筑、道路、地段环境的描述，并附有地形测量图。

（2）人员编制　人员编制包括现有人员编制及核定的人员编制，新建、扩建的单项工程的增加人员控制数。

（3）建筑物要求及内容　如结构形式、层数、建筑标准以及各种工程管网的类型，各化验室的具体使用要求、建筑面积，以及各类化验室之间的面积分配。

（4）抗震措施　按抵抗几级地震烈度设防。

（5）公害处理　对废气、废水、废物、噪声、辐射、振动等的技术处理措施。

（6）供电、供水、采暖、空调等设备的要求，并附有水源、电源接用许可文件。

（7）设计期限和化验室项目的建设进程要求。

表 1-1　单项工程

建设单位名称：

编号	房间名称	间数	每间使用面积/m²	使用面积合计/m²	平面系数 K	建筑面积/m²	备注

表 1-2　总建筑面积、总投资

建设单位名称：

编号	工程项目名	建筑面积/m²	造价/(元/m²)	人防建筑面积/m²	造价/(元/m²)	投资	备注

总建筑面积造价/(元/m²)	
总投资(其中包括设备及室外工程投资)/万元	

（二）进行调查研究

在设计开始以前先要对计划任务书以及各类房间要求进行分析，然后进行调查研究。这阶段中的大部分时间是参观同类型的化验室或者参考国内外文献资料。

1. 设计前调查研究的主要内容

① 各化验室的使用要求　向有经验的化验室人员学习，认真调查同类已建化验室的实际使用情况，进行分析和总结。

② 建筑材料供应和结构施工等技术条件　了解设计化验室所在地区建筑材料供应的品种、规格、价格等情况，预制混凝土制品以及门窗的种类和规格，新型建筑材料的性能、价格以及采用的可能性。结合化验室的使用要求和建筑空间组合的特点，了解并分析不同结构方案的选型，当地施工技术和起重、运输等设备条件。

③ 基地勘探　根据城建部门所划定的设计化验室的基地图纸，进行现场勘探，深入了解基地和周围环境的现状及历史，核对已有资料与基地现状是否符合，如有出入给予补充或修正。从基地的地形、方位、面积和形状等条件，以及基地周围原有建筑、道路、绿化等多方面因素，考虑拟建化验室的位置和总平面布局的可能性。

④ 当地经验和生活习惯　传统建筑中有许多结合当地地理、气候条件的设计布局和创作经验，根据拟建化验室的具体情况，可以"取其精华"以借鉴。同时在建筑设计中，也要考虑到当地的生活习惯以及人们乐于接受的建筑形象。

2. 在调查研究的基础上需要收集的资料

① 公用设施（如上下水、电、煤气等）使用的许可证明。

② 地形图（1∶5000 或 1∶10000）及当地城建部门批准发给的地形图（1∶500 或 1∶1000）。

③ 当地的气象、水文、地质资料，如基地地形标高、土壤种类及承载力、地下水位。

④ 电源、水源、排水及其他公用设施管道情况，如基地地下的给水、排水、电缆等管线布置，以及基地上的架空线路情况。

⑤ 地区工业情况，如有无有害气体、爆炸和噪声等。

⑥ 地震的详细情况。

⑦ 设计项目的有关额定指标，即国家或所在地区有关化验室设计项目的定额指标，例如化验室的面积定额、建筑用地、用材等指标。

上述资料收集后，要进行系统的鉴定工作，作为设计的依据。

在方案设计以前，设计单位与建设单位还应研究下列问题：

① 总体布局中的各幢建筑物的相互关系以及生活区采用的方式；

② 各类化验楼工艺布局及工艺流程；

③ 平面组合的几种可能性，建设化验楼的层数；

④ 选择合适的模数，包括开间、进深、层高以及走道尺寸；

⑤ 主要仪器设备的布置方式，以及实验台、通风柜等的位置；

⑥ 化验室与研究室之间的布局形式，辅助化验室与化验室之间的布局；

⑦ 工程管网的布置原则，如明管或暗管，垂直管网或水平管网；

⑧ 灵活性的要求；

⑨ 环境保护、公害处理方面的详细技术措施。

三、化验室的建筑要求与设计

（一）确定设计方案

化验室设计任务确定后，需要尽快确定合理的、完善的化验室建设方案。不同作用的化验室的建筑设计要求不完全相同，以微生物化验室对地面和墙面要求为例，要求：地面尽量减少接缝、平整光洁、易清洁；地面应做防水处理后，以特殊方式处理地面（地面铺瓷砖处理或在光滑混凝土表面涂覆环氧树脂）；地面与墙面连接处以约 15cm 高踢脚处理，并在接缝处做密封防渗处理；如有需要，洁净区门前使用粘尘垫防止污染。

化验室设计方案一般应包括以下内容：

（1）房间名称　如无机化学化验室、有机化学化验室、分析化学化验室、电子显微镜化验室、精密光学化验室、放射化学化验室、仪器储存室、试剂储存室等。

（2）间数　同一类的化验室需要几间，如分析化学化验室需要 3 间，就标明"3"。

（3）面积　每间使用面积的大小往往与建筑模数（建筑设计中选定的标准尺寸单位，作为建筑物、建筑构配件、建筑制品以及有关设备等尺寸相互调整的基础）联系起来，应根据当地的施工条件，确定采用何种模数及何种结构、形式比较符合实际。如采用模数为 $6m \times 7m$ 的柱网，则每间使用面积可达 $40m^2$。设计化验室计算所需面积时要考虑除设备、仪器的放置面积外，分析人员从事分析项目时要有充足的活动范围，并且要根据化验室实际状况，适当预留增加设备和人员的活动面积，以满足发展需求。

（4）位置要求

① 底层　化验室设备重量较大或要求防震的房间，可设置在底层。

② 楼层　根据国家规定的消防间距规范，确定化验室的层数，一般为 3~5 层建筑物为宜，用地紧张的工程建设中可建 6 层以上。在非专门设计的楼房内，化验室宜安排在较低的楼层。

③ 化验室应该位于较宽敞而有绿化设施的区域内，一般选用厂前区域，以防外界对化验工作的影响。

（5）方位　化验室的方位应布置为南北朝向，以保证良好的环境条件。避免在东西向（尤其是西向）的墙上开门窗，以防止阳光直射化验室仪器、试剂，影响化验工作的进行。若条件不允许，或取南北朝向后仍有阳光直射室内，则应设计局部"遮阳"或采取其他补救措施。有些辅助室或者化验室本身要求朝北，但不同化验室要求不同，不可能都满足各自提出的朝向要求，这就只能根据化验室具体条件设置。

（6）结构　建筑物应设计为钢筋混凝土框架结构或砖墙承重、钢筋混凝土楼盖结构，以方便地调整房间间隔及安装设备，并具有较高的载荷能力。一般办公大楼的楼板载荷为 $2kN/m^2$，当实际载荷需要超过此数值时，应按实际载荷数进行设计。整个化验楼应有两个以上出入口及内部较宽敞、方便的通道，以满足设备、仪器的运输，人流疏散和防火安全的要求。3 层以上的化验楼可以考虑设置电梯，满足设备、仪器、药品运输的要求。

（7）地面

① 防腐、易清洁、防滑、干燥为化验室地面的基本要求，有酸性腐蚀的房间常采用耐酸瓷砖铺地，无酸性腐蚀的房间及辅助房间可以采用水磨石地面，精密仪器的房间需要铺设塑料或其他贴面。

② 防振　一种是实验本身所产生的振动，要求设置防振措施以免影响其他房间；另一种是实验本身或精密仪器需满足的防振要求。

③ 防放射性污染、防静电、隔声等特殊要求。

④ 架空　由于管线太多或静压箱需要架空的空间，设置架空地板，并提出架空高度。

（8）墙壁

① 用涂料粉刷墙裙或者整个墙壁，视分析环境洁净要求而定。

② 冲洗　有的墙面要求清洁、可以冲洗，这种墙面一般需要铺设瓷砖。

③ 墙裙高度　在离地面 1.2～1.5m 的墙面做墙裙，以便于清洁，墙裙可铺设瓷砖或涂以油漆等。

④ 隔热　冷藏室和特殊试剂储存室的墙面要求隔热。

⑤ 耐酸碱　有的化验室在实验过程中会有酸碱气体逸出，要求设计耐酸碱的油漆墙面。

⑥ 吸声　试验时产生噪声，影响周围环境，墙面要用吸声材料。

⑦ 消声　试验时避免声音反射或外界的声音对试验有影响，墙面要进行消声设计。

⑧ 屏蔽　外界各种电磁波对化验室内部试验有影响，或化验室内部发出各种电磁波对外界有影响时需设屏蔽。

⑨ 色彩　根据化验室的要求和舒适的室内环境要求选择墙面色彩，墙面色彩的选择应该与地面、平顶、实验台等的色彩相协调。

（9）室内尺寸　如按照建筑模数排列各化验室，按照模数的倍数填写长、宽、高。如果化验室内需要安装空气调节系统必须吊顶，则层高就要相应增加。有些特殊类型化验室，如加速器、反应堆化验室等，这些化验室需要采用单独尺寸。

（10）房间要求　该要求指化验室本身的要求，一般要求清洁；进行试验时要求房间内空气达到一定的洁净度；耐火，如加热室；隔音，如离心机室。

（11）门要求　化验室的门有以下各种要求：

① 内开，门向房间内开；外开，主要设置在有爆炸危险的房间内。

② 隔声　有的化验室需要安静环境，要求设置隔声。

③ 保温　如冷藏室要求采用保温门。

④ 屏蔽　防止电磁场的干扰而设置屏蔽门。

⑤ 自动门。

（12）窗要求　化验室的窗有以下各种要求：

① 开启　指向外开启的窗扇。

② 固定　有洁净要求的化验室可以采用固定窗，以防止灰尘进入室内。

③ 部分开启　在一般情况下窗扇是关闭的，用空气调节系统进行换气，当检修、停电

时，则可以开启部分窗扇进行自然通风。

④ 双层窗　在寒冷地区或有空调要求的房间采用，如精密仪器室。

⑤ 遮阳　根据化验室的要求而定，有时需用水平遮阳，有时需用垂直遮阳。

⑥ 窗帘、百叶窗　防止太阳光直接射到化验室内。

⑦ 屏蔽窗。

⑧ 隔声窗。

（13）吊顶要求

① 不吊顶　化验室大多数不吊顶。

② 吊顶　在化验室的顶板下再吊顶，一般用于要求较高的化验室。

（14）实验台要求　实验台分岛式实验台（实验台四边可用）、半岛式实验台（实验台三边可用）、靠墙式实验台和靠窗式实验台。对实验台的长、宽、高有一定要求。

（15）通风要求　化验室常见的通风方式有以下几种：

① 自然通风　不设置机械通风系统，依靠化验室建筑门窗进行通风。

② 单通风　靠机械排风。

③ 局部排风　如某一化验室产生有害气体或气味等需要局部排风，在有机械排风要求时，最好能提出每小时换气次数。

④ 空气调节系统　有些化验室要求恒温恒湿，采用空气调节系统可以保证化验室的温度和湿度，应给出温度为多少摄氏度，允许温度为正负多少摄氏度，相对湿度为多少。

⑤ 洁净要求　当有些化验室的空气要求保持在一定的洁净度时，则需要提出洁净等级，再依据不同洁净等级采取净化处理，如微生物检验的无菌操作室应具有空气除菌过滤的单向流空气装置。

（16）储存柜　一般化验室内可靠墙设置储存柜，可以是活动式也可以是固定式，用以临时放置文件资料或试剂药品。

（17）管道要求　化验室内铺设有上下水道、采暖、通风、燃料气、压缩空气及照明动力等设施。必要时还要设氩气、真空、热水等管线，设计时要根据不同要求，与各公用工程专业密切配合，满足需求。

① 采暖　采暖系统通常有两种：采用蒸汽供暖的系统和采用热水供暖的系统。除用采暖系统采暖外，还可以使用空气调节系统调节室内温度。

② 气体管道　根据需要选用气体管道，有些化验室需要量特别大的必须注明。气体管道分为氧气、压缩空气、氩气、氢气管道等。

③ 给排水

a.给水　冷水（城市中的自来水或采用地下水）、热水（根据实验要求采用）、去离子水。

b.屋顶水箱　有些实验要求较高，要有一定的水压，要设置水箱。有的城市水压不够，要设置水箱。

c.排水　酸碱性物质（若排水中有酸性物质，应说明其浓度为多少，数量为多少；若排水中有碱性物质，也应说明其浓度为多少，数量为多少）、放射性物质（若排水中有放射性物质时，要注明有多少种放射性物质，其浓度为多少；若有必要，要先处理后再行排放）及设置地漏（为方便，可以在化验室地面设置一个排水口）。

（18）供电与照明

① 照明用电　化验室内部采用的光源目前大部分为日光灯、白炽灯。化验室内多为日光灯，因为它发光效率高，发光面积大而眩光小，使用寿命长。白炽灯适用于走廊、楼梯间

和生活用房的照明。有爆炸、易燃及有腐蚀性气体的场所，必须采用防爆密闭式灯具。

化验楼内有各种用途的房间，不同房间对照度的要求不一样。凡进行精细工作的房间，要求比进行粗糙工作的房间有更高的照度。要求照度高，就必须多装灯具或增大光源的容量，照度通常用勒克斯（lx，$1lx=1lm/m^2$）为单位表示。由于教学使用的化验室房间面积较大，当光源为日光灯时，化验室的实验桌面的平均照度水平不应低于150lx，并且灯具均匀分布，灯具与实验台面高度最好在1.8～2.0m以内，走廊和楼梯的最低照度为10lx。

除一般工作用的照明用电以外，化验室还应配备安全照明和事故照明（指万一发生危险情况时需要的照明）。化验室的电线铺设方式有两种：明线（电线采用外露形式）和暗线（电线采用暗装形式）。

② 设备用电　应规定工艺设备用电量（标明每台设备的最大功率是多少千瓦，kW）、供电电压（标明电压是多少伏特，V）、单向插座（标明插座的电流是多少安培，A）、三相插座（标明插座的电流是多少安培，A）、特殊设备（大型设备的用电要求）、供电路数（根据化验工作或仪器的重要性，提出供电具体要求，如不能停电、要求电压稳定、要求频率稳定等）。

③ 自然采光　白天在室内工作一般都是采用自然光。这种采光方法是在墙壁上开窗，或在屋顶上设天窗。

（二）化验室对建筑布局的要求

1.总体布局

根据设计任务的要求，结合实际地形进行总体设计，化验室一般是单独建立的建筑物，在工厂内一般化验室应设在厂前区，其周围应有绿化设施及人行道与生产装置区域隔开，在任何情况下，化验室应布置在区域主导风向的上侧，以保证化验室防止灰尘、烟雾、噪声及不良气体的侵入。工厂内化验室应尽可能位于距各车间距离差不多相等的位置，以与各生产车间保持密切的联系。

2.平面布局

化验楼的平面组合与一般建筑物的组合基本原则相同，化验楼的主要特点是化验内容较多，试验要求比较复杂，工程管网较多，造价比一般建筑高一倍或几倍以上。根据这些特点，应尽可能在不妨碍工艺流程的情况下合理布局。合理的化验室平面布局应做到以下几点，有利于环境卫生和节约投资：

① 同类型分析化验室布置在一起；

② 工程管网较多的化验室布置在一起；

③ 洁净等级不同的分析室组合在一起；

④ 有特殊要求的化验室组合在一起（如隔振要求较高的精密仪器设备室、无菌室、预处理室等）；

⑤ 有辐射防护要求的化验室组合在一起；

⑥ 有毒性的化验室组合在一起。

有关各类化验室内部的组合问题，将在后面任务中分别叙述。

（三）建筑模数要求

模数制首先运用在单层工厂房中。

1.开间模数要求

从国外经验看，各国对化验室模数有自己的经验。由于目前建筑常用框架结构，柱距常用的有4.0m、4.5m、6.0m、6.5m、7.2m等，因此开间尺寸比较灵活。结合我国自己的实践，化验室的开间模数主要取决于化验人员活动空间以及工程管网合理布置的必需尺度，并考虑安全和发展的需要等因素，建议采用三种开间模数：3.0m、3.3m、3.6m。主要考虑到三点：

（1）满足实验工作需要（例如实验台、仪器设备的放置和操作人员活动空间）。通常情况下，岛式实验台宽度为 1.2～1.8m（带工程网时不小于 1.4m），靠墙的实验台宽度为 0.75～0.9m（带工程网时可增加 0.1m），靠墙的储物架宽度为 0.3～0.5m。实验台的长度一般是宽度的 1.5～3 倍。通道方面，实验台间通道一般为 1.5～2.1m，岛式实验台与外墙窗户的距离一般为 0.8m。

（2）我国统一标准窗扇采用以 0.3m 为倍数的尺度。

（3）多层建筑的柱距常用 6.0m。

2. 进深模数要求

化验室的进深模数取决于实验台的长度和其布置形式，即采用岛式还是半岛式实验台还取决于通风柜的布置形式。建议采用的进深模数有 6.0m、7.0m、8.0m 和 9.0m 四种。

3. 层高模数要求

化验室层高指楼板到楼板之间的高度，净高是指楼板底面（或吊顶面）至楼板面的距离。

从化验室的通风柜风管的弯头与垂直管道相接的需要考虑，层高最低为 3.6m。不设通风柜的化验室，层高可适当降低。放射性化验室，通风柜顶部需要安装过滤器，层高还应相应增高。技术夹层净高不能少于 1.0m。洁净室技术夹层要求安装通风机等设备，而且需要经常检修，为方便工作人员操作，技术夹层层高采用 2.2～2.7m 合适，有时由于结构构造与通风管道之间安装有困难，技术夹层还需要超过 2.7m 的高度。洁净室净高一般采用 2.5m 左右。电子计算机房电缆线较多，因此要设地缆沟或架空地板，架空地板高度一般为 0.4m，地板下面空间还可作为回风道。电子计算机房的净高一般采用 2.4～3.0m，根据平面空间的大小决定。有时顶棚还需设静压箱，高度需 1.0m 左右，所以电子计算机房层高 4.2～6.0m。

一般化学、物理、生物相关化验室层高建议采用 3.6m、3.8m，有空调的化验室采用 4.0m。

4. 走廊要求

化验室建筑物中走廊的决定因素为交通量、建筑物长度和门是外开还是内开等，化验室走廊按平面布置不同可以分为以下几种：

（1）单面走廊　在小、中型化验室建筑中（如 200m² 左右的单层或 400～500m² 双层及三层建筑物），走廊设置在建筑物的一侧。它具有所有化验室均可朝南的优点，尤其适用于日照时间短、缺少阳光而又无采暖的地区。常见单面走廊净宽为 1.5m 左右。

（2）中间走廊　中间为走廊，走廊两面都设有化验室，适用于大型化验室建筑。它的优点是把化验室组合得更紧凑，与单面走廊比较，同样宽的走廊可用于更宽的建筑物中，提供更多的使用面积。通常中间走廊净宽为 1.8～2.0m，当走廊上方布置有通风管道或其他管道时，应加宽至 2.4～3.0m，以保证各个化验室的通风要求。

（3）中间双向走廊　每条走廊净宽 1.5m 左右。

（4）检修走廊　检修走廊宽度一般采用 1.5～2.0m。

（5）安全走廊　安全要求较高的化验室需设置安全走廊，一般在建筑物外侧设安全走廊，以便于紧急疏散，净宽一般为 1.2m。

（6）设备管道廊　设备管道廊一般位于两边化验室之间，全部管道都设置在走廊中，可以方便检修，高度根据管道的种类多少决定，一般采用 2.0～2.8m。

化验室各种走廊的平面示意见图 1-9。

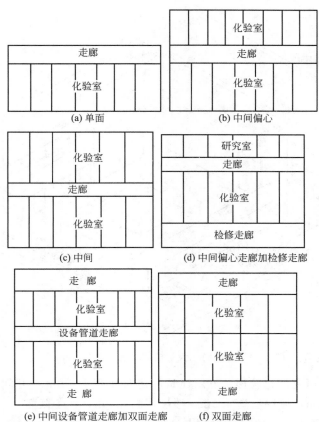

图 1-9   化验室各种走廊平面示意

结合国外化验室案例分析与我国实际情况,建议化验室的模数采用表 1-3 的数据,相应的模数示意如图 1-10 所示。

表 1-3   化验室建议模数

类型	开间/m	进深/m	层高/m	走廊/m
一般化验室	3.0	6.0	3.6	2.0
	3.3	7.0	3.8	2.2
	3.6	8.0		2.4
		9.0		

(四) 化验室的平面系数 (K)

在设计过程中经常碰到总建筑面积、建筑面积、使用面积、辅助面积及平面系数 (K) 等指标。总建筑面积是指几幢化验楼建筑面积之和。建筑面积为一幢化验楼各层外墙外围的水平面积之和(包括地下室、技术层、屋顶通风机房、电梯间等)。使用面积是指实际有效的面积。辅助面积是指大厅、走廊、楼梯、电梯、卫生间、管道竖井、墙厚、柱子等面积之和。平面系数=使用面积/建筑面积,其中,使用面积=建筑面积-辅助面积。

为了更好地理解化验室平面系数幅度是多少,以及了解影响平面系数的因素,必须要研究平面系数的规律,从而更好地编制化验室计划任务书。因为在拟定计划任务书时,要考虑使用面积是多少,再根据平面系数确定建筑面积大小。我们以两个例子分析一下化验楼的平面系数。

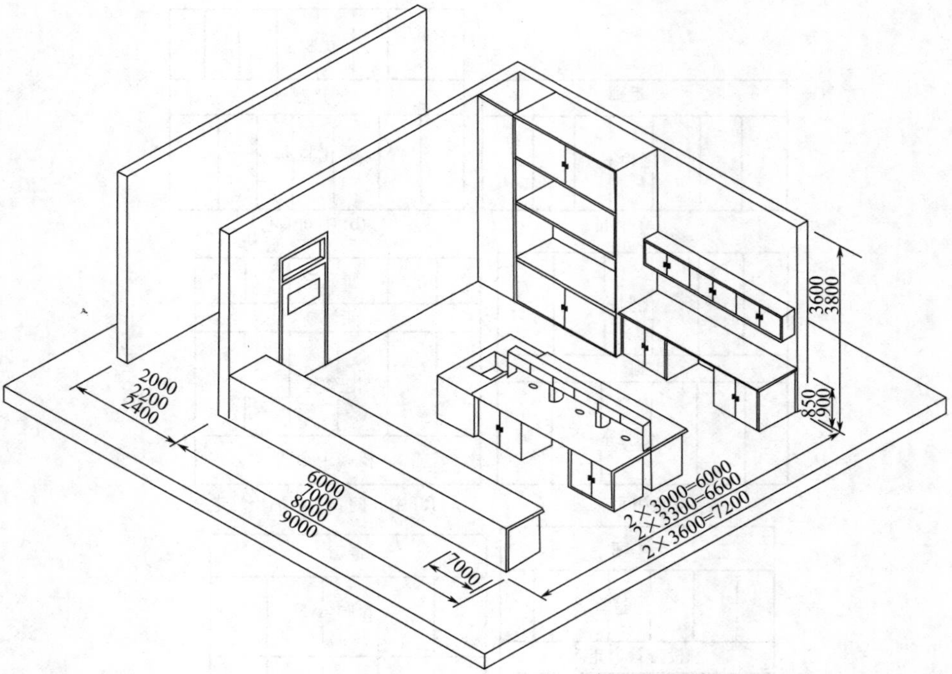

图 1-10　建议的化验室模数示意（单位：mm）

例一：感光化学研究所化验楼，五层建筑，建筑面积 7640m²，开间模数 4.15m，进深 6.3m，走廊净宽 2.2m，底层层高 4.2m，楼层层高 3.9m，柱子截面 0.4m×0.4m，底层平面长 94.5m，宽度 15.6m。每层建筑面积 1430m²，五层合计 7150m²，顶层通风机房面积 470m²，入口门厅面积 20m²，一字形化验楼，中间为门厅，设楼梯、电梯、厕所，左右两端各设楼梯一座，有少量管道竖井，辅助面积之和 2673m²，平面系数 65%。

例二：有机化学研究所化验楼，七层框架结构，顶层为技术夹层，建筑面积 8200m²，化验室开间模数采用 3.4m，进深 6.25m，走廊柱子轴线 3.8m，走廊净宽 2.0m，在走廊两侧设置管道竖井，底层平面长 69.6m，宽 16.7m，建筑平面呈一字形，入口偏右侧设有进厅、楼梯、电梯和厕所，辅助面积之和 3796m²，平面系数 59%。

上述两个例子介绍的是化学类化验室，这类化验室的平面系数取决于通风柜的数量以及管道竖井的布置形式。分析类化验室平面系数应大致在 50%～70%；有管道竖井的化学化验室，平面系数在 60% 左右；无管道竖井、结构较为简单的化验室，平面系数在 60%～65% 左右。

（五）化验室的防火、防爆、防雷、防振和电磁屏蔽

1. 化验室建筑的防火

（1）化验室建筑的耐火等级　应取一、二级耐火等级，吊顶、隔墙及装修材料应采用防火材料。

（2）疏散楼梯　位于两个楼梯之间的化验室的门至楼梯间的最大距离为 30m，走廊末端的化验室的门至楼梯间的最大距离为 15m。

（3）走廊净宽　走廊净宽要满足安全疏散要求，单面走廊净宽最小为 1.3m，中间走廊净宽最小为 1.4m。不允许在化验室走廊上堆放药品柜及其他实验设施。

（4）安全走廊　为确保人员安全疏散，专用的安全走廊净宽应达到 1.2m。

（5）化验室的出入口　单开间化验室的门可以设置一个，双开间以上的化验室的门应设置两个出入口，如不能全部通向走廊，其中之一可以通向邻室，或在隔墙上留有安全出入的通道。

2. 化验室的防爆

当一种化学反应能很快地使压力急剧增大以致冲破容器时，就发生爆炸。压缩气瓶等高压容器，由于温度升高使受压气体膨胀也会发生爆炸。撞击、摩擦、加热和电火花都是引起爆炸的主要原因。化验室内对于有爆炸危险的实验应设置防护板或防护罩，在防护板之外用机械手操作，或者在空旷的地面进行操作。

在实验中不可避免地进行爆炸性反应时，要采取必要的措施以减少灾害，主要的措施有：

① 先用小剂量进行不能确定的实验，再逐步加大剂量。

② 稀释爆炸性的液体，以减轻可能发生的灾害。

③ 在化验室中设置必要的设备，以便有效控制温度（如冷却水等）；加热器的下方悬空，方能散热；易燃试剂最好用水浴加热，杜绝明火加热。

④ 易爆化合物不能储存在化验室内。

⑤ 设置安全防护板，操作人员在防护板防护下操作易爆实验。

⑥ 电气设备的安装，应按照《危险场所和气体蒸气的分类》确定防火防爆等级，选择相应等级的防爆电气设备。

3. 化验室的防雷

化验室大楼建筑设计中采取防雷措施是十分必要的，尤其是储存大量爆炸药品和在正常情况下因电火花而会引起爆炸危险的化验室，以及化验室内有计算机时。

防雷设备一般有针式和带式两种。针式经济简单，但往往会影响建筑物美观；带式投资费用较大，但可以与建筑设计密切配合。防雷接地是防雷设计中十分重要的部分，利用现浇混凝土柱内钢筋作为防雷引下线是一种经济有效的做法。

4. 化验室的防振

实验仪器和设备的"允许振动"是在保证仪器设备能够正常工作并达到规定的测量精度的情况下，加上安全系数的考虑后，在其支承结构表上所容许的最大振动值。

（1）环境振源的分类

① 自然振源　大自然中的各种变化会引起地表振动，如风、海浪和地壳内部变动等因素引起的振动。自然振源的振幅一般情况下对化验室的仪器设备基本不产生影响。

② 人工振源　由人为因素引起的地表振动称为"人工振源"，振动常由地表传播，振幅也较大，对仪器的影响情况各不相同。

人们把自然振源与人工振源合称为"环境振源"，在实际工作中，对化验影响最大的是人工振源。

（2）化验室设计时应考虑的问题　由于不同的环境振源对化验室仪器设备的影响各不相同，因此在进行化验室设计的时候，必须根据振源的性质采取不同的防振措施。

① 在选择化验室的建设基地时，应注意尽量远离振源较大的交通干线，以便减少或避免振动对化验室的干扰。

② 在总体布置中，应将所在区域内振源较大的车间（空气压缩站、锻工车间等）合理地布置在远离化验室的地方。

③ 在总体布置中，应尽可能利用自然地形，以减少振动的影响。

④ 在总体布置及进行化验室单体建筑的初步设计时，应先考察所在区域内的振源特点，经全面考虑，采取适当的"隔振措施"以消除振源的不良影响。

（3）化验楼和化验室的隔振　化验楼的整体隔振措施：

① 当附近的振动较大时，人工防振沟有一定的效果。

② 在总体设计中遇到振动问题时，可采取下列做法：建筑物四周用玻璃棉作隔振材料，使化验室与室外地表面隔绝，以阻止地面波的影响。这种做法比人工防振沟或防振河道简单、卫生，同时也比较经济。

③ 化验楼内的动力设备房间与化验室相邻时，可设置伸缩缝或沉降缝，也可用抗振缝将动力设备房间与化验室隔开，这样对振动有一定的隔振效果。

化验楼内的隔振措施：

振动较大或防振要求较高的精密仪器设备应尽可能设置在底层，以利于采取有效隔振措施，也可以将精密仪器设备放在防振基础或防振工作台上。防振措施通常包括消极隔振措施和积极隔振措施。

消极隔振就是为了减少支承结构的振动对精密仪器和设备的影响，而对其采取的隔振措施。消极隔振是根据精密仪器的允许振动限值以及动力设备的干扰力，通过计算而选择的隔振措施。而对于无法确定的随机干扰，只能通过现场实测结果来选择隔振措施，以满足精密仪器的正常使用。

消极隔振一般可采用下面两种措施：

① 支承式隔振措施　这种形式构造简单，自然频率最低可设计成 3~4Hz（赫兹），一般适用于外界干扰频率较高的地方，是使用较多的一种措施，如图 1-11 所示。

② 悬吊式隔振措施　这种形式构造较复杂，自然频率最低可达 1~2Hz，适用于对水平振动要求较高、仪器设备本身没有干扰振动、外界干扰频率又较低的场合，如图 1-12 所示。

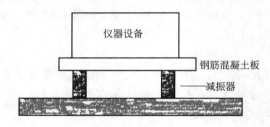

图 1-11　支承式隔振措施

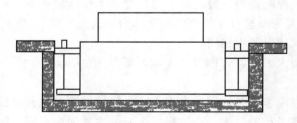

图 1-12　悬吊式隔振措施

对化验楼内产生较大振动的设备采取积极隔振措施，积极隔振是为了减少设备产生的振动对支承结构和化验人员造成的影响，而对动力设备所采取的隔振措施。对化验楼内产生较大振动的设备采取积极的隔振措施，可从以下 3 个方面进行处理：

① 一般采用放宽基础底面积或加深基础，或用人工地基的方法来加强地基刚度。

② 设备基础里加上隔振装置。

③ 建造"隔振地坪"，在建筑物底层的精密仪器化验室及其他防振要求较高的房间里，

构筑质量较大的整体地坪，其下垫粗砂及适当的隔振材料，周围再用泡沫塑料等具有减振和缓冲性的物质使地坪与墙体隔开，作用相当于"室内防振沟"。

5.化验室电磁屏蔽

电子设备工作时，会产生干扰电压，属于电子设备的内部干扰，这种干扰在电子设备设计中可以除去。电子设备的信号电压，会以电磁波的形式利用辐射或导线传播，这种电磁波会干扰其他电子设备的工作，这类干扰称为外部干扰。外部干扰形式很多，要克服外部干扰，需要采用屏蔽方式解决。目前，常采用的屏蔽方式有三种：

（1）静电屏蔽　静电屏蔽防静电耦合干扰。用低电阻率的导体材料，如铜或铝等，将需要屏蔽的部分包封起来，使内部电力线不传到外部去，内部的电力线也不影响内部。

（2）磁屏蔽　磁屏蔽防低频的磁场感应。需要用高磁导率和低电阻率的金属材料，或者采用多层金属的屏蔽措施以减少涡流的影响。

（3）电磁屏蔽　电磁屏蔽防高频电磁波干扰。可以采用的屏蔽材料为低电阻率金属，如铜或铝，使干扰波在屏蔽层内部产生涡流而产生屏蔽效果。如果将电磁屏蔽作用的金属接地，则它同时也就有静电屏蔽的作用。

 任务小结

化验室 建筑设计	化验室设计应遵循的文件	有关建设任务的批文 工程设计任务书 城建部门同意设计的批文 委托设计工程项目
	设计前的准备工作	制订计划任务书 进行调查研究
	化验室的建筑要求与设计	确定设计方案 化验室对建筑布局的要求 建筑模数要求 化验室的平面系数（K） 化验室的防火、防爆、防雷、防振和电磁屏蔽

任务三　不同化验室的基础设施建设设计

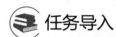 **任务导入**

新建一个 $120m^2$ 的化学分析化验室，你能设计出该化验室的基础设施吗？请写出相应的设计方案，并绘制出该化验室平面设计图。

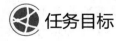 **任务目标**

知识目标：

1.掌握化验室实验台的组成结构、布置方式和设计要求；

2.了解实验台台面材质的种类；

3.掌握化验室常用的排风方式、排风设备种类以及布置要求；

4.掌握化验室的给水分类、给水原则和排水要求；

5.掌握化验室供气系统类别。

能力目标:

1. 能指出不同类型化验室必要的基础设施的用途;
2. 能运用所学指出化学实验台的结构和布置方式;
3. 能运用所学进行排风方式、排风系统布置合理性的判断;
4. 能完成不同化验室的基础设施建设方案设计。

思政目标:

1. 树立专业自信精神;
2. 培养安全第一、经济环保的职业理念;
3. 传递精益求精的职业精神,明白规范的化验室基础设施是质量保障的前提。

　　化验室要求处于远离灰尘、烟雾、噪声和振动源的环境中。化验室不应建在交通要道、锅炉房、机房及生产车间近旁(车间化验室除外)。化验室按照功能不同可分为很多种,而不同功能的化验室对基础设施建设的要求不完全相同,在设计化验室的基础设施时,要根据化验室的功能要求不同进行设计。化验室用房大致分为三类:化学分析化验室、精密仪器化验室、辅助室(办公室、储藏室、气瓶室等)。因此,不同功能的化验室基础设施主要有:化学分析化验室的基础设施、精密仪器化验室的基础设施、辅助室的基础设施。

一、化验室的基础设施建设

　　化验室内的基础设施有:实验台、通风系统、药品橱、仪器设备、给排水系统、工程管网(供暖、供气系统等)。

码1-5　实验台
的设计与布置

(一)实验台

1. 实验台的组成

　　实验台主要由台面和台下的支座或器皿柜组成,为了方便实验操作,在台上还会设置药品架、管线盒或洗涤池等装置。

　　(1)台面　化验室的实验台台面通常为实验操作区域,会接触酸碱或其他具有腐蚀性的溶液,因此要求台面具有结实、不渗漏、耐磨、平滑无缝、不易碎、耐热、耐腐蚀、容易清洁等特点。老式的实验台通常由木、钢筋混凝土板或塑料板材质制成,并且为方便看清玻璃器皿刻度,通常要求实验台台面颜色为深色。若为生化实验台,则为白色无缝台面。

　　台面应比下面的器皿柜宽,台面四周可设有凸缘,以防止台面冲洗时的水或台面上的药液外溢,不考虑冲洗的台面也可以不设凸缘。

　　现今常见的台面按照台面材质可分为木台面、实心理化板台面、陶瓷板台面、环氧树脂板台面、荷兰千思板台面、PP板台面、大理石板台面、贴面理化板台面、不锈钢台面、玻璃钢台面。

　　① 木台面　通常采用实心木台面,它具有外表感觉暖和、容易修复、玻璃器皿不易碰坏等优点。其缺点是木材的处理或制作方法不够妥善时会发生开裂等现象。为增加木台面的耐腐蚀性,还可在其表面涂覆合成树脂涂料。

　　② 实芯理化板台面　将芯材部分的牛皮纸加层加厚,经高温高压压制而成,厚度大于12.7mm,可不必黏附在基材上而直接做成台面或柜体板材。

　　相比贴面板,实芯理化板具有更高强度、彻底防水而美观等优点。实芯理化板成本低,用途广;有较强的抗撞击性;表面阻燃,面板不会熔化或爆炸;具有特殊的表面结构,有较好的耐刻刮性;有很强的耐磨性,适用于有重物放置处,或需要频繁清洗处;具有紧密的无渗透表面，使灰尘不易粘在上面，因此这类台面很方便清洗，不会出现褪色现象；颜色多样。

③ 陶瓷板台面　以高岭土、蓝岭土和长石等十几种无机材料高度混合，经过 1250℃高温煅烧而成的陶瓷板台面，具有抗 1200℃高温、抗强酸强碱、耐刻刮等一系列特性，解决了以往理化板和环氧树脂实验台面易变形、易变色、惧明火、释放有毒物质、使用寿命短等缺点。但是陶瓷板材价格相对高，一般小面积使用在通风柜台面板等处。缺点：价格昂贵，加工难度大。

④ 环氧树脂板台面　由金刚砂、玻璃纤维、环氧树脂脂粉、滑石粉、催化剂、固化剂、色素高温后真空倒入平坦的模具中，在高温真空无气泡环境下均匀搅拌，抽真空处理后进行高温固化 8h 形成的台面。

特点：抗化学试剂、抗菌、抗冲击、不导电、易清洁、耐磨、防潮、抗紫外线、自灭火焰、一体成型、不脱层、不膨胀、不含石棉、耐高温、可翻新、无缝拼接、外观性能及综合性能好。

⑤ 荷兰千思板台面　千思板是将木浆倒进模具里面压制而成。其台面特点：有极强的抗撞击性；适用于有重物放置处，或需频繁清洗处；紧密的无渗透表面，灰尘不易黏附于其上，经常清洗不会对颜色产生任何影响；不会腐坏或产生霉菌；抗紫外线；该材料阻燃，面板不会熔化、滴下或爆炸，能长期保持特性；可以防静电，适用于无尘区域、光学工业和计算机工业；耐化学腐蚀。

⑥ PP 板台面　PP 塑料材质全称聚丙烯塑料，是最轻的塑料之一。它的屈服、拉伸和压缩强度以及硬度均优于低压聚乙烯，有很突出的刚性，高温抗应力松弛性良好；耐热性能好，可在 100℃以上使用，几乎不吸水，传热慢，热绝缘性能好；化学稳定性良好，耐腐蚀。缺点：不利于在浓酸情况下使用，烃类物质对它有软化作用。

⑦ 大理石板台面　大理石属于中硬石材，其颜色多种多样，色泽鲜艳，材料致密，抗压性强，吸水率小。

特点：台面耐磨、不变形、易清洁；不适合接触试剂，不耐酸；一般用于高温台、天平台等，耐高温，但运输过程中较容易损坏。

⑧ 贴面理化板台面　该台面由表层纸、色纸和牛皮纸压制而成，使用非结构性材料，厚度一般为 0.9mm，需与基材粘贴在一起使用。特点：对 65% 硝酸、98% 硫酸、60% 铬酸、48% 氢氟酸、苯酚有不同程度的缺陷；耐高温能力差，表面破损后内部不耐腐蚀，不能修复。

⑨ 不锈钢台面　特点：无毛细孔，无细菌残留，易清洁，抑制细菌生长，可根据要求加工成各种样式台面；耐热、耐冲击性能良好，沾污物容易去除，适用于放射化学实验、洁净实验、无菌生物实验和油料化验等；适合于药品、食品等行业；耐腐蚀性能不好，所以不适合用于化学化验室。

⑩ 玻璃钢台面　由金刚砂、玻璃纤维、环氧树脂脂粉、滑石粉、催化剂、固化剂、色素高温后真空倒入平坦的模具中，在高温真空无气泡环境下均匀搅拌，抽真空处理后进行高温固化 8h 形成的台面。

特点：抗化学试剂、抗菌、抗冲击、不导电、易清洁、耐磨、防潮、抗紫外线、自灭火焰、一体成型、不脱层、不膨胀、不含石棉、耐高温、可翻新、无缝拼接、外观性能及综合性能好。

(2) 实验台下的器皿柜　实验台下空间通常设有器皿柜，既可放置实验用品，又可满足化验人员坐在实验台边进行记录的需要。实验台可根据需要在台下留 1～2 个伸膝凹口，凹口宽度约 600～1200mm。考虑到实验人员的站立，器皿柜的踢脚部分必须往后缩进 40～80mm，以形成踢脚凹口。

（3）药品架　实验台上药品架通常有两层。药品架不宜过宽，一般能并列两个中型试剂瓶（500mL）为宜，通常的宽度为200~300mm，靠墙药品架宜取200mm。药品架底部和架脚可以包起来，方便架设管线，同时也是安装公用设施接头（尤其是电源插座）合适的位置，使实验台外观整齐。

（4）管线通道、管线架与管线盒　实验台上的设施线路通常从地面以下或由管道井引入实验台中部的管线通道，然后再引出台面以供使用。管线通道的宽度通常为300~400mm，靠墙实验台为200mm。

（5）实验台的排水设备　通常包括洗涤池、台面排水槽。洗涤池通常采用陶瓷制品，设在实验台的两端。

2.实验台的布置方式

其布置方式有两种，即单面实验台（或称靠墙实验台）和双面实验台（包括岛式实验台和半岛式实验台）。在化验中，双面实验台的应用比较广泛。

① 岛式实验台，实验人员可以在四周自由行动，在使用中是比较理想的一种布置形式。其缺点是占地面积比半岛式实验台大。另外，实验台上配管的引入比较麻烦。

② 半岛式实验台有两种：一种为靠外墙设置；另一种为靠内墙设置。半岛式实验台的配管可直接从管道检修井或从靠墙立管直接引入，这样不但避免了岛式实验台的不利因素，又省去一些走道面积。靠外墙半岛式实验台的配管可通过水平管接到靠外墙立管或管道井内。靠内墙半岛式实验台的缺点是自然采光较差。为了在工作发生危险时易于疏散，实验台间的走道应全部通向走廊。

从以上分析可知，岛式实验台虽在使用上比半岛式实验台理想，但从总的方面看，半岛式实验台在设计上比较有利。

3.实验台的结构形式

实验台的结构形式很多，归纳起来可以分为两大类：一类是固定式实验台；另一类是组合式实验台。

① 固定式实验台　固定式实验台的形式很多，国内至今仍普遍采用。常用的为钢筋混凝土结构台面和砖砌支座，把所有管道（如热水、冷水、煤气、压缩空气管、污水管）都设置在里面，使实验台上没有管道露出，台下为木制器皿柜，台面上为白色瓷砖、水磨石、大理石或天然花岗岩等，为便于实验台清洗还可铺设聚氯乙烯薄膜。这类实验台坚固耐用，耐高温，而且平稳，常用于天平台、高温炉台以及测光仪器台等。这种实验台最大的缺点就是灵活性差。

② 组合式实验台　该实验台依靠自身的构造形式，分为几个独立的部分，分别制作，然后组合在一起，如图1-13所示。其主要单元为实验台、管线架、试剂架、水池台等几部分，可根据化验室需要组合而成。其特点是可以灵活布置化验室，便于运输，便于系列化生产。

不同材质实验台的构成单元不完全相同。木制组合式实验台由带台面的器皿柜、管线架和药品架3个构件组成。钢制组合实验台由钢支架、器皿柜、台面和药品架4个构件组成，可以组合成岛式实验台、半岛式实验台和靠墙实验台3种形式。夹板组合式实验台由夹板支架、移动式器皿柜、药品架3个构件组成，可以组合成岛式实验台、半岛式实验台和靠墙实验台3种形式。

4.化学实验台的设计

（1）实验台高度及宽度需要切合实际　化学实验台的尺度一般有如下要求：

① 长度　化验人员所需用的实验台长度，由于实验性质的不同，其差别很大，一般根据实际需要选择合适的尺寸。

图 1-13　组合式实验台

② 台面高度　标准的台面高度通常为 850mm，但是如果实验人员的身材比较高大，也可以定制 900mm 的高度。对于一些特殊的实验情况，则需要专门定制相应的台面高度。

③ 宽度　实验台的每面净宽一般考虑 650mm，最小不应少于 600mm，如果台面上实验装置比较多的话，可以适当加宽为 700mm，便于安全操作。台面上药品架部分可考虑宽为 200～300mm。一般双面实验台宽度为 1500mm，单面实验台宽度为 650～850mm。

（2）实验台需要预留适当安全距离　实验台与通风柜的安全间距通常要不小于 1250mm。如果是靠墙的单面实验台，也要符合以上的安全间距要求。

在实验台之间也要留合适的间距，通常要不小于 1300mm。但是如果实验台前面需要设置特别的化验室设备（如：储气钢瓶），那么出于安全因素考虑，两个实验台之间至少要留有 1600～1800mm 的净安全距离。

实验台主要是服务于实验设备与化验室工作者，应在操作空间范围内协调搭配，体现科学人性化的规划设计。

（二）化验室通风系统

化验过程中通常会产生一些有毒的、可致病的或毒性不明的化学气体，这些有害气体如不及时排出室外，就会造成室内空气污染，影响化验人员的健康与安全，也会影响仪器设备的精确度和使用寿命，因此化验室应有良好的通风。化验室通风系统设计的主要目的是保证化验室操作人员的安全和延长仪器的使用寿命。

微课扫一扫
码1-6　化验室
通风系统

化验室的通风方式有两种，即局部排风和全室通风。局部排风是有害物质产生后立即就近排出，这种方式能以较小的风量排走大量的有害物，效果比较理想，所以在化验室中广泛地被采用。对于有些实验不能使用局部排风，或者局部排风满足不了要求时，应该采用全室通风。

1. 局部排风

（1）通风柜　通风柜也称通风橱，是化验室中最常用的一种局部排风设备（图 1-14）。由于其结构不同，使用的条件不同，排风效果也不相同。通风柜的性能，主要取决于通风柜的正确设计和使用。

图 1-14　化验室常用通风柜

①　通风柜的结构　通风柜的结构为上下式，其顶部有排气孔，可安装风机。上柜中有导流板、电路控制触摸开关、电源插座等，透视窗采用钢化玻璃，可左右或上下移动，以供人操作。下柜采用实验边台样式，上面有台面，下面是柜体。台面可安装小水槽和水龙头。

②　化验室通风柜设计要点

a. 通风柜大小要求　教师用通风柜一般高 2.2m，长 1m，宽 0.65m。四面镶玻璃或透明有机玻璃，正面设有供教师演示用的可以上下移动的进风调节板（柜门高、宽各为 0.5m）。上部设有通风孔，与排气管、排风扇连接，在实验时可将有毒气体排出室外。

学生实验用通风柜一般高 2.2m，长 0.8m，宽 0.5m。正面镶玻璃并装有可以上下移动的柜门（柜门高、宽各为 0.5m）。上部设排气孔，可供自然排风或强迫排风用。特殊用途通风柜一般高 2.2m，长 1~1.2m，宽 0.5m。柜内装有可动式多层金属网气体导流板，或有孔木制气体导流板。上部都设有排气孔，底部侧面开进气口。通风柜尺寸可以根据化验室特点加以调整，如可以设计成可在教师演示台上操作的或可移动式通风柜。

b. 通风柜内衬材料选择　通风柜内管道材料应该是耐用、抗化学侵蚀、阻燃和耐高温的材料。化验室通风柜排出物从类属上可分为有机或无机的化学气体、汽化物、水蒸气或烟雾、微粒等，从特性方面可分为酸、碱、溶剂或油剂物质。通风柜内衬材料易受腐蚀（由化学或电化学作用，对金属或其他材料的破坏）、分解（对涂覆材料和塑料的溶解作用）和熔化（在高温时，对一些塑料和涂覆材料的作用）等方面的侵蚀。

通风柜的内衬材料最好按照特定的实验来确定，但必须为全密封无缝连接，以满足易清洁和最大限度地保证实验人员安全的条件。通风柜的材料可以是全钢、钢木、铝木、塑钢、PVC 等，其台面是直接与操作者接触的地方，由实芯理化板、不锈钢板、PVC、陶瓷等材料组成。

c. 进风调节板和气体导流板　进风调节板在弹着点和防辐射方面提供一些人体防护。它是透明的，故便于从外面观察。进风调节板可设计成垂直上下滑动、水平滑动或水平和垂直滑动的组合应用，只要能升降自由、省力、安全、便于实验操作和控制抽风量就可以。防爆玻璃是最普通的选择，是进风调节板材料经济的选择。当使用氟化氢（HF，酸类）物质时，可选择聚碳酸酯进风调节板，因为这种材料在处于 HF 气体条件下没有雾或腐蚀产生。气体导流板的设计应充分考虑空气动力学因素、专有的导流板技术，以提高有毒气体的收集、排放效率。

d. 观察窗设计要求　观察窗采用无级变速平衡砝码设计，可以在任意位置停止，便于推拉。悬吊观察窗的钢索外置于工作空间外，不直接接触通风柜的工作环境，其承重能力达到150kg，确保长期使用无变化。观察窗把手符合人体工程学，使推拉更方便且美观大方。观察窗把手喷涂聚四氟乙烯，有很好的防酸碱能力。观察窗玻璃采用5mm钢化玻璃，贴进口的化学化验室专用贴膜。该贴膜在各种强酸碱溶液中浸泡48h无任何变化，既有很好的防腐蚀能力，又不影响化验室人员对内部仪器的观察。

③ 通风柜的种类

a. 活动式通风柜　建设现代化化验室时，有些时候需要在化验室大厅配置一种通用型的化验室，实验台、水盆通风柜等都可以随时移动，不使用的时候也可以堆放至储藏室。活动式通风柜一般由木材、塑料或者轻金属制作，方便移动。

b. 旁通式通风柜　若化验室内需要通风柜排出室内气体时，采用旁通式通风柜比较适宜，因为当通风柜的柜门全部关闭时，也不会影响室内气体的更换。

c. 补风式化验室通风柜　这种通风柜是把占总排风量70%左右的空气送到操作口，或送到通风柜内，专供排风使用，其余30%左右的空气由室内空气补充。供给的空气可根据实验要求来决定是否需要处理（如净化、加热等）。

补风式通风柜排走的室内空气很少，如果化验室内或者洁净化验室内装有空气调节系统，采用补风式通风柜是比较理想的，既能节省能量，又不影响室内的空气流通。

d. 自然通风式通风柜　这种通风柜可以日夜连续换气（经测试，在室内换气可达到6次/h），利于室内换气，没有噪声和振动。因为没有机械设备，保养起来比较容易，构造简单，价格低廉。

这种通风柜是利用热压原理进行排风，不耗电，其排风效果主要取决于通风柜内与室外空气的温差、排风管的高度和系统的阻力等。因此，这种通风柜一般都用于加热的场合，凡是毒性较高或者不产生热量的实验，都不适合采用，有的房间在夏季也不适宜使用。

e. 顶抽式通风柜　这种的通风柜的显著特点就是结构简单、制造方便，适用于有热量产生的场合。

f. 狭缝式通风柜　这种通风柜在它的顶部和后侧设置有排风狭缝。后侧部分的狭缝，有的设置一条（在下部），有的设置两条（在中部和下部），对各种不同的实验环境都能获得很好的效果。其缺点是结构太复杂，制作过程也比较麻烦。

④ 化验室内通风柜的平面布置　通风柜在化验室内的位置，对通风效果、室内的气流方向都有很大的影响，下面介绍几种通风柜的布置方案。

a. 靠墙布置　这是最为常用的一种布置方式。通风柜通常与管道井或走廊侧墙相接，这样可以减短排风管的长度，而且便于隐蔽管道，使室内整洁。

b. 嵌墙布置　两个相邻的房间内，通风柜可分别嵌在隔墙内，排风管道也可布置在墙内，这种布置方式有利于室内整洁。

c. 独立布置　在大型化验室内，可设置四面均可观看的通风柜。

此外，对于有空调的化验室或洁净室，通风柜宜布置在气流的下风向，这样既不干扰室内气流，又有利于室内被污染的空气被排走。

⑤ 排风系统的划分　通风柜的排风系统可分为集中式和分散式两种。

集中式是把一层楼面或几层楼面的通风柜组成一个系统，或者整个化验楼分成1~2个系统。它的特点是通风机少，设备投资省，而且对通风柜的数量稍有增减以及位置的变更，都具有一定的适应性。然而由于系统较大，风量不易平衡，尽管每个通风柜上都装有调节阀，但使用不方便，并且也不容易达到预定的效果。如果系统风管损坏需要检修时，那么整个系统的通风柜就无法使用。所以，原来采用集中式系统的化验室，先后都改为分散式系统。

分散式是把一个通风柜或同房间的几个通风柜组成一个排风系统。其特点是：可根据通风柜的工作需要来启闭通风机，相互不受干扰，容易达到预定的效果，而且比集中式节省能源（因为只要一个通风柜在使用，集中式系统就得开动大通风机）。分散式由于系统小，排风量也小，阻力也小，所以通风机的风量、风压都不大，噪声与振动相应也较小。分散式还有一个特点，即对排出不同性质的有害气体易于处理。

排风系统的通风机，一般都装在屋顶上，或顶层的通风机房内，这样可不占用使用面积，而且使室内的排风管道处于负压状态，以免有害物质由于管道的腐蚀或损坏，以及由于管道不严密而渗入室内。此外，通风机安装在屋顶上或顶层的通风机房内，检修方便，易于消声或减振。

排风系统的有害物质排放高度，在一般情况下，如果附近50m以内没有较高建筑物，则排放高度应超过建筑物最高处2m以上。

（2）排气罩　在化验室内，由于实验设备装置较大，或者在通风柜中进行无法满足化验操作的要求，但又要排走实验过程中散发的有害物质时，可采用排气罩（图1-15）。化验室常用的排气罩，大致有围挡式排气罩、侧吸罩和伞形罩3种形式。

图1-15　化验室常用的排气罩

排气罩的布置应注意以下几点：

① 尽量靠近产生有害气体的发源地。用同样的排风量，距离近的比距离远的排出有害物的效果好。

② 对于有害物不同的散发情况应采用不同的排气罩，如：对于色谱仪，一般采用围挡式排气罩；对于化验台面排风或槽口排风，可采用侧吸罩；对于加热槽，宜采用伞形罩。

③ 排气罩要便于实验操作和设备的维护修检。否则，尽管排气罩设计效果很好，但由于影响化验操作，或者维护检修麻烦，还是不会受到使用者的欢迎，甚至被拆除不用。

（3）特殊化验室局部排风　在洁净室内，为了排出工艺过程中散发出的有害物质，经常采用通风柜、排气罩等局部排风装置。在设计局部排风时，应当注意以下几个问题：

① 选用性能好的排风装置，以便在满足卫生和安全要求的情况下使排风量最少。排风

系统应以小通风机为主，尽可能使每个洁净室单独设置排风系统，使用方便，而且不会相互干扰，由于通风机小，噪声也低。

② 为了防止室外空气通过排风系统侵入洁净室内造成污染，在排风系统上应设置止回阀或中效过滤器，或废气净化设备。

③ 为了减少对室内的污染，排风装置应布置在洁净工作区气流的下风侧。

④ 如果排风系统的噪声值超过室内允许的噪声值时，应在排风机吸入端的管道上装设消声器。

2. 全室通风

全室通风可以在整体房间内进行全面的空气交换。当化验室内设备有通风柜时，如果通风柜的排风量较大，超过室内换气要求，可不再设置通风设备。但当有毒有害的气体大面积地扩散到实验台空间时，需要及时排出，还要有一定的新鲜空气进行补充，把有毒有害的气体量控制在规定的范围内，就必须进行全室通风。当室内不设通风柜而且又需排出有害物时，也应进行全室通风。化验室及有关辅助化验室（如药品库、暗室及储藏室等），由于经常散发有害物，需要及时排出，就需要全室通风。全室通风的方式有自然通风和机械通风。

（1）自然通风 利用室内外的温度差，即室内外空气的密度差而产生的热压，把室内的有害气体排出室外，依靠窗口让空气任意流动时，称作无组织自然通风；依靠一定的进风口和出风竖井，让空气按所要求的方向流动时，称作有组织自然通风。

有组织自然通风的常见做法是：在外墙下部或门的下部装百叶风口，在房间内侧设置竖井，它适用于有害物浓度低的房间，也适用于室内温度高于室外空气温度的场合。

（2）机械通风 当自然通风满足不了室内换气要求时，应采用机械通风，尤其是危险品库、药品库等，尽管有了自然通风，为了考虑事故通风，也必须采用机械通风。常用的做法是：在外墙上安装轴流风机，但效果较差，尽量避免在有窗的外墙上安装轴流风机，避免噪声。对于散发有腐蚀气体的房间（如酸库）等，不宜使用轴流风机；对于散发易爆气体的房间，必须采用防爆通风机。

（三）化验室给排水系统

化验室都应有给排水装置，排水装置最好用聚氯乙烯管，接口用焊枪焊接。化学检验实验台应安装水管、水龙头、水槽、紧急冲淋器、洗眼器等，一般化验室的废水无须处理就可排入城市下水网道，而化验室的有害废水必须净化处理后才能排入下水网道。

1. 化验室的给水

在保证水质、水量和供水压力的前提下，从室外的供水管网引入进水并输送到各个用水设备、配水龙头和消防设施，以满足化验、日常生活和消防用水的需要。

（1）化验室给水分类

① 化验室给水系统包括三大类：生活给水系统、消防给水系统、实验给水系统。

② 生活给水系统和消防给水系统与一般建筑的给水系统一致，通常可与一般实验给水系统合并成一个系统。

③ 室内消防给水系统包括：普通消防系统、自动喷洒消防给水系统和水幕消防给水系统等。

④ 实验给水系统分为一般实验用水与实验用纯水，而化验室纯水系统属于独立的给水系统，要重点考虑。

（2）给水原则

① 不同的化验室对实验用水有不同的要求，实验仪器的循环冷却水水质应满足各类仪器对水质的不同要求。

② 凡进行剧毒液体、强酸、强碱的实验，并有飞溅爆炸可能的化验室，应就近设置应急喷淋设施，当应急洗眼器水压太大时，应采取减压措施。

③ 放射性同位素和无菌化验室应配热水淋浴装置，水龙头采用光电开关、肘式开关或脚踏开关。

④ 放射性同位素化验室如采用与生活、科研和消防统一的给水系统时，污染区的用水必须通过断流水箱，室内消火栓应设置在清洁区内，给水系统的管道入口通常应设置洁净区，采用上行下给式给水管网，以免污染扩散。

⑤ 库房、化验楼等建筑物在必要时应设立室外消防给水系统，由室外消防给水管道、消防水泵和室外消火栓等组成。

⑥ 化验室给水系统应保证必需的水质、水量和压力，对于大型的高层化验楼，在室外管网水压周期性不足或室外管网不能满足上层化验室用水要求时，特别是为了保证化验室安全供水，应设置布局屋顶水箱和水泵，或加压设备专供上层化验室使用。

⑦ 对于化学化验室，因设置紧急洗眼器、紧急淋浴器等，水流要足够大，开启放水阀门反应要快。

（3）化验室给水方式

① 直接供水方式　在化验室外层数不高，水压、水量均能满足的情况下，一般可采用直接供水方式。采用这种供水方式，室内无加压水泵，通常连接室外给水管网。这是最简单、最节约的供水方式。

② 高位水箱的给水方式　该方式属于"间接供水"，在用水高峰期，室外管网内水压下降，以致不能满足楼内上层用水要求时，或当室外管网水压周期性不足时，可采用"高位储水槽（罐）"（即常见的水塔或楼顶水箱等）进行储水，再利用输水管道送往用水设施。

③ 混合供水　通常的做法是对较高楼层采用高位水箱间接供水，而对较低楼层采用直接供水，这样可以降低供水成本。

④ 加压水泵的给水方式　对于高层楼房，当室外管网的水压低于实验、生活、消防等用水要求的水压，而用水量又不均匀时，因"高位水箱"供水普遍存在"二次污染"问题，"加压供水"可用于化验室，但在单独设置时运行费用较高。

2. 化验室排水系统

（1）化验室排水系统基本要求

① 排水管道应尽可能少拐弯，并具有一定的倾斜度，以利于废水排放。

② 当排放的废水中含有较多的杂物时，管道的拐弯处应预留"清理孔"，以备必要之需。

③ 排水干管应尽量靠近排水量最大、杂质较多的排水点设置。

④ 注意排水管道的腐蚀，最好采用耐腐蚀的塑料管道。

⑤ 化验室排水系统应根据化验室排出废水的性质、成分、流量和排放规律的不同而设置相应的排水系统。

⑥ 对于化验室设备的冷却水排水或其他仅含无害悬浮物或胶状物、受污染不严重的废水可不必处理，直接排至室外排水管网。

⑦ 对于较纯的溶剂废液或贵重试剂，宜回收利用，排放的废水如需重复使用，应做相应的处理。

⑧ 为避免化验室废水污染环境，对于含有多种成分及有毒有害物质、可互相作用、损害管道或造成事故的废水，应与生活污水分开，并在化验室排水总管设置废水处理装置，处理后使之符合国家标准方可排入室外排水管网或分流排出。

⑨ 对于放射性同位素化验室的排水系统，应将衰减周期短和长的核素废水分流，废水流向应从清洁区至污染区。放射性核素排水管道的布置和敷设，管材、附件的选择，都应同时符合《辐射防护规定》的法规要求。

（2）化验室给排水系统设计注意事项

① 化验室的给排水系统应设计科学，保证饮水源不受污染，若实验用水与饮用水的水源不一，则应将饮用水与实验用水的水龙头分别注明，避免混淆。

② 化验楼应设有备用水源，在公共自来水系统供水不足或停止时，备用水源应能保证各种仪器的冷却水、蒸馏器用水、蒸馏瓶冷凝管用水和洗眼器用水的正常供给。

③ 给排水系统应与化验室模块相符合，合理布置，便于维修，管线应尽量短，避免交叉。

④ 给水管道和排水管道应沿墙、柱、管道井、实验台夹腔、通风柜内衬板等部位布置，不得布置于贵重仪器设备的上方，也不得布置在遇水会迅速分解、容易损坏，或引起燃烧、爆炸的物品旁。

⑤ 一般化验室的水管可明装铺设，在安全要求较高的化验室中应尽量暗装，所有暗装铺设的管道均应在控制阀门处设置检修孔，以便维修。

⑥ 给排水系统应设计灵活，并预留部分设施以保证化验室的可靠性和持续运行。

⑦ 下行上给式的给水横干管宜铺设在底层走道上方或地下室顶板下；上行下给式的给水横干管宜铺设在顶层管道技术层内或顶层走道上方；不结冻地区可铺设在屋顶上，从给水干管引入化验室的每根支管上，应装设阀门。

⑧ 化验室内部各用水点的位置必须科学定位并提前铺设，尽量把用水点设在靠墙位置，方便下水点的设置及满足未来改造的需要。

（四）化验室的工程管网

化验室建筑设计时，工程管道综合排布是一项复杂而又必不可少的工作。在一般小型化验室中，常见管道有水管、通风管、电管和煤气管等；在大型化验室或特殊化验室中，还有压缩空气、蒸汽、氢气、氧气、蒸馏水、真空等管道。这些管道都有各自工种设计特点，但如果不经过各种工种相互配合和综合布置，会产生管道凌乱、建筑空间使用不合理等不良后果。

1. 化验室的工程管网布置原则

① 在满足化验要求的前提下，应尽量使各种管道的线路最短，弯头最少，以利于节约材料和减少阻力损失。

② 各种管道应按一定的间距和次序排列，以符合安全要求。

③ 管道应便于施工、安装、检修、改装。

④ 管道铺设应不影响室内美观和采光。

微课扫一扫

码1-7　化验室的
工程管网布置与
公用设施

2. 工程管网的布置方式

各种管网都由总管、干管和支管 3 部分组成。总管是指从室外管网到化验室内的一段管道；干管是指从总管分送到各单元的侧面管道；支管是指从干管连接到化验台和化验设备的一段管道。各种管道一般总是以水平和垂直两种方式布置。

（1）干管与总管的布置

① 干管垂直布置　该布置指总管水平铺设，由总管分出的干管都是垂直布置。水平总管可铺设在建筑物的底层，也可铺设在建筑物的顶层。对于高层建筑物，水平总管不仅铺设在底层或顶层，有的还铺设在中间的技术层内。

② 干管水平布置　该布置指总管垂直铺设，在各层由总管分出水平干管，通常把垂直总管设置在建筑物的一端，水平干管由一端通到另一端。对于长宽比较大的化验室，总管宜垂直布置在建筑物中部，每层分出两根水平干管，分别通向建筑物两端。

（2）支管的布置

① 沿墙布置　无论干管是垂直布置还是水平布置，如果化验台的一面靠墙，那么从干管引出的支管可沿墙铺设到化验台。

② 沿楼板布置　如果化验台采用岛式布置，由干管到化验台的支管一般都沿楼板下面铺设，有的支管穿过楼板，向上连到化验台。

3. 化验室供电系统

化验室的多数仪器设备在一般情况下是间歇工作的，也就是说多属于间歇用电设备，但化验室不宜频繁断电，否则可能使化验中断，影响化验的精密度，甚至导致试样损失、仪器装置损坏，以致无法完成化验。因此，化验室的供电线路宜直接由总配电室引出，并避免与大功率用电设备共线，以减少线路电压波动。化验室用电主要包括照明电和动力电两大部分。动力电主要用于各类仪器设备用电及电梯、空调等的电力供应。

化验室供电系统设计的时候，要注意下列 8 个方面：

（1）化验室的供电线路应给出较大的宽余量　输电线路应采用较小的载流量，并预留一定的备用流量（通常可按照预计电量增加 30% 左右）。

（2）各个化验室均应配备三相和单相供电线路，以满足不同用电器的需要。

（3）每个化验室均应设置电源总开关，以方便控制各化验室的供电线路。还应设置漏电保护开关、过载保护开关等。

（4）化验室供电线路应有良好的安全保障环境，总线路及化验室的总开关上均应安装漏电保护开关。所有线路均应符合供电安装规范，确保用电安全。

（5）要有稳定的供电电压　在线路电压不够稳定的时候，可向精密仪器化验室通过交流稳压器向化验室输送电能。对有特别要求的用电器，可以在用电器前再加二级稳压装置，以确保仪器稳定工作。

（6）避免外电线路电场干扰　必要时，可以加装滤波设备排除干扰。

（7）配备足够的供电电压插座　为保证实验仪器设备的需要，应在化验室的四周墙壁、化验室旁边的适当位置配置必要的三相和单相电源插座。电源插座应远离水源和煤气、氢气等喷嘴口，并且不影响实验台仪器的放置和操作位置。

（8）化验室室内供电线路应采用护套（管）暗铺，线槽主要为多功能钢线槽（主要用于试剂架上）和 PVC 线槽（主要用于边台和中央台台面上）。

在使用易燃易爆物品较多的化验室，还要注意供电线路和用电器运行中可能发生的危险，并根据实际需要配置必需的附加安全措施（如防爆开关、防爆灯具及其他防爆安全电器等）。

4. 供气系统

在现代化的化验室中，需要用到多种分析仪器，如气相色谱仪、气-质联用仪、ICP 等，其中有些仪器需要用到高纯气体。化验室用气主要有不燃气体（氮气、二氧化碳）、惰性气体（氩气、氦气等）、易燃气体（氢气、一氧化碳）、剧毒气体（氟气、氯气）、助燃气体（氧气）。

化验室供气系统按其供应方式可分为分散供气与集中供气。

（1）分散供气是将气瓶或气体发生器分别放在各个仪器分析室，接近仪器用气点，使用方便，节约用气，投资少。但由于气瓶接近实验人员，安全性欠佳，一般要求采用防爆气瓶柜，并有报警功能与排风功能。报警器分为可燃性气体报警器及非可燃性气体报警器。气瓶柜应设有气瓶安全提示标志及气瓶安全固定装置。

（2）集中供气是将各种实验分析仪器需要使用的各类气体钢瓶，全部放置在化验室以外独立的气瓶间内，进行集中管理，各类气体从气瓶间以管道输送形式，按照不同实验仪器的用气要求输送到每个化验室不同的实验仪器上。

集中供气可实现气源集中管理，远离化验室，保障实验人员的安全。但供气管道长，导致浪费气体，开启或关闭气源要到气瓶间，使用欠方便。

集中供气的气路系统主要由气源、切换装置、管道系统、调压装置、用气点、监控及报警系统组成。对于一些易燃易爆气体，如氢气、乙炔等，必须在以上基础上加入阻火器，防止火苗窜入。气路系统要求具有良好的气密性、高洁净度、耐用性和安全可靠性，能满足实验仪器对各类气体不间断连续使用的要求，并且在使用过程中根据实验仪器工作条件对整体或局部气体压力、流量进行全量程调整，以满足不同的实验条件的要求。

气路系统常用器材有钢瓶（气体压缩机）、钢瓶固定架、钢瓶柜、钢瓶接头、金属软管、半自动切换装置、一级减压器、二级减压器、焊接三通、焊接大小头、卡套阀门、不锈钢管道（BA）、压力表、可燃有毒气体监测报警装置等。

（1）集中供气的优点

① 化验室布局更整齐，更有利于化验室的管理和维护。

② 通过气瓶和输送管道将载气输送给仪器，在气瓶出口装有单向阀，可避免更换气瓶时有空气和水分混入。另外，在一端安装泄压开关球阀，将多余的空气和水分排放后再接入仪器管道，保证仪器用气的纯度。

③ 集中供气系统采用二级减压保证压力的稳定。采用二级减压的方式，一是经过第一级减压后，干路压力比气瓶压力大大降低，起到了缓冲管道压力的作用，提高了用气的安全，降低了用气的风险；二是保证仪器供气入口压力的稳定，降低了因为气体压力波动而引起的测量误差，保证了仪器使用的稳定性。

（2）化验室供气系统设计的时候，要注意下列内容：

① 气体管路材质应对所有气体无渗透性，吸附效应最小，对所输送的气体呈化学惰性，能快速使输送的气体达到平衡。316 不锈钢是继 304 不锈钢之后，第二个得到最广泛应用的钢种，具有较好的耐腐蚀性及耐高温、强度优秀等特点。

② 氮气、氩气、压缩空气、氦气、氧气钢瓶接头可以共用。

③ 气体管路每隔 1.5m 设一管子固定件，弯曲处及阀门两端都应设固定件。

④ 气体管路应沿墙明设，以便于安装维护。

⑤ 气路管线上的连接管件都要连接后焊接，杜绝泄漏的可能。

⑥ 所有的管线在安装完毕后一定要做气密性实验，并在使用前要先除油。

⑦ 易燃易爆气体可与惰性气体同柜，杜绝两种易燃气体钢瓶装一柜。

⑧ 易燃气体，如甲烷、乙炔、氢气的管路应尽量短，减少中间接头的连接。

⑨ 易燃气体气瓶一定要装入防爆气瓶柜内，气瓶输出端接回火器，可阻止火焰回流气瓶引起爆炸。

⑩ 防爆气瓶柜顶端应有连接到室外的通风排气口，且有泄漏报警装置，一旦泄漏能及时报警并将气体排到室外。

5. 采暖

有的地区由于冬季气温较低，化验室必须加装暖气系统以维持适当的室温，但无论是电热还是蒸汽供热，均应注意合理布置，避免局部过热。

天平室、精密仪器室和计算机房不宜直接加温，可以通过由其他房间的暖气自然扩散的方法采暖。

6. 空调

对精密度要求较高的化验室，尤其是精密计量化验仪器或其他精密化验器械及电子计算机，它们对化验室的温度、湿度有较高的要求，这时需要考虑安装"空调"装置，进行空气调节。空调布置一般有以下 3 种方式：

（1）单独空调　在个别有特殊需要的化验室安装窗式空调机，可以随意调节，能耗较少，空气调节效果好，但噪声较大。

（2）部分空调　部分需要空调的化验室，在进行设计的时候把它们集中布置，然后安装适当功率的大型空调机，进行局部的"集中空调"，达到既可部分空调又可以降低噪声的目的。

（3）中央空调　当全部的化验室都需要空调的时候，可以建立全部集中空调系统，即中央空调。中央空调可以使各个化验室处于同一温度，有利于提高检验和测量精度，而且中央空调的运行噪声比较低，可以保持化验室环境安静。其缺点是能量消耗较大，且不一定能满足个别要求较高的特殊化验室的需要。

二、基础化验室对环境要求及基础设施建设

1. 环境要求

（1）室内的温度、湿度要求较精密仪器室略宽松（可放宽至 35℃），但温度波动不能过大（≤2℃/h）。

码1-8　基础化验室环境要求及基础设施建设

（2）室内照明宜用柔和自然光，要避免阳光直射。

（3）室内应配备专用的给水和排水系统。

（4）分析室的建筑应耐火，或用不易燃烧的材料建成。门应向外开，以利于发生意外时人员的撤离。

（5）由于化验过程中常产生有毒或易燃的气体，因此，化验室要有良好的通风条件。

2. 基础设施建设要求

在化学分析室进行样品的化学处理和分析测定工作中，常使用一些小型的电器设备及各种化学试剂，如操作不慎也具有一定的危险性。针对这些特点，在化学分析室的基础设施建设时应注意以下要求：

（1）建筑要求　建筑应耐火，材料应具有防火性能；窗户要能防尘；室内采光要好；门应向外开。

（2）供水和排水　供水要保证必需的水压，水质和水量应满足仪器设备正常运行的需要；室内总阀门应设在易操作的显著位置；下水道应采用耐酸碱腐蚀的材料；地面应有地漏。

（3）通风设施　由于化验工作中常常会产生有毒或易燃的气体，应有良好的通风条件，可以同时采用局部通风和全室通风。

① 全室通风　采用排气扇或通风竖井，换气次数一般为 5 次/h。

② 局部排气罩　在教学化验室中产生有害气体的上方，设置局部排气罩，以减少室内空气的污染。

③ 通风柜　这是化验室常用的一种局部排风设备，内有加热源、水源、照明等装置。

（4）煤气与供电　有条件的化验室可安装煤气管道。化验室的电源分照明用电和设备用电，照明最好采用荧光灯。设备用电中，24h 运行的电器（如冰箱）单独供电，其余电器设备均由总开关控制，烘箱、高温炉等电热设备应有专用插座、开关及熔断器。在室内及走廊上安装应急灯，以备夜间突然停电时使用。

（5）实验台　设有大量标准实验台的传统化学分析化验室是基本的形式，这是化学化验室的主体。实验台主要由台面、台下的支架和器皿柜组成，为方便操作，台上可设置药品架，台的两端可安装水槽。

实验台面一般宽 75cm，长根据房间尺寸，可为 150～300cm，高可为 80～85cm。台面常用贴面理化板、实芯理化板、耐腐人造石或水磨石预制板等制成。理想的台面应平整、不易碎裂、耐酸碱及溶剂腐蚀、耐热、不易碰碎玻璃器皿等。

三、仪器分析室对环境要求及基础设施建设

仪器分析化验室，主要设置各种大型精密分析仪器，同时也包括普通小型分析仪等，一般涉及的设施有：各类仪器设备、仪器台、实验台、通风柜、天平台、电脑台、气瓶柜、洗涤台、器皿柜、药品柜、急救器、万向排气罩、原子吸收罩等。以下列出几类精密仪器分析化验室的要求，以供参考。

（一）天平室

1. 天平室的环境要求

① 1、2 级精度天平，应工作在（20±2）℃，温度波动不大于 0.5℃/h，相对湿度 50%～60% 的环境中。

② 分度值在 0.001mg 的 3、4 级天平，应工作在温度为 18～26℃，温度波动不大于 0.5℃/h，相对湿度 50%～75% 的环境中。

③ 一般生产企业化验室常用的 3～5 级天平，在称量精度要求不高的情况下，工作温度可以放宽到 17～33℃，但温度波动仍不大于 0.5℃/h，相对湿度可放宽到 50%～90%。

④ 天平室安置在底层时，应注意做好防潮工作。

⑤ 使用"电子天平"的化验室，天平室的温度应控制在（20±1）℃，且温度波动不大于 0.5℃/h，以避免温度变化对电子元件和仪器灵敏度的影响，保证称量的精确度。

2. 天平室基础设施建设要求

（1）天平室的设计

① 天平室应避免阳光直射，不宜靠近窗户安放天平，窗户应采用双层窗，以利于隔热防尘。

② 高精度微量天平室应考虑有空调，但风速应小。

③ 天平室应有一般照明和天平台上的局部照明。局部照明可设置在墙上或防尘罩内。不宜在天平室内安装暖气片及大功率的灯泡（天平室应采用"冷光源"照明），以避免局部温度的不均匀影响称量精确度。

④ 天平室应专室专用。高精度天平对环境有一定要求：防振、防尘、防风、防阳光直射、防腐蚀性气体侵蚀以及较恒定的气温，因而通常将天平设置在专用的天平室里，以满足这些要求。即使是其他精密仪器，安装时也应用玻璃墙分隔，以减少干扰。

⑤ 天平室应靠近基本化验室，以方便使用。如果基本化验室为多层建筑，应每层都设有天平室。天平室以北向为宜，还应远离振源，不应与高温室和有较强电磁干扰的化验室相邻。高精度微量天平应安装在底层。

⑥ 天平室内一般不设置洗涤池或有任何管道穿过室内，以免管道渗漏、结露或在管道检修时影响天平的使用和维护。

⑦ 天平室内尽量不要放置不必要的设备，以减少积灰。

⑧ 有无法避免的振动时应安装专用天平防振台。当环境振动影响较大时，天平宜安装在底层，以便于采取防振措施。

（2）天平台的设计

① 化验室里常用的天平大都为台式天平。一般精度天平可以设在稳固的木台上；半微量天平可设在稳定的不固定的防振工作台上，亦可设在固定的防振工作台上；高精度天平的天平台对防振的要求较高。

② 在设计天平室时虽然已经考虑了尽量使其远离振源，并对可能产生的振源采取了积极的隔振措施，但是环境的振动影响或多或少是存在的，如人的走动、门的开关，故天平台必须有一定的防振措施。

③ 单面天平台的宽度一般采用600mm，高度一般采用850mm，天平台的长度可按每台天平占800～1200mm考虑。天平台由台面、台座、台基等多个部分组成，有时在台面上还附加抗振座。

④ 一般精密天平可采用50～60mm厚的混凝土台板，台面与台座（支座）间设置隔振材料，如隔振材料采用50mm厚的硬橡皮。高精度天平的部分台面可以考虑与台面的其余部分脱离，以消除台面上可能产生的振动对天平的影响，这样，天平的台座相对独立，台座与台面间设置减振器或隔振材料。减振器的选用应根据天平与台面的质量通过计算确定。天平台建成后，经试用或测试尚不能完全符合化验要求时，可在台上附加减振座，也可采用特别的弹簧减振盒。

础1-9 天平室的环境要求及基础设施建设

（二）其他大型精密室

1. 环境要求

① 精密仪器室尽可能保持温度恒定，一般温度在15～30℃，有条件的最好控制在18～25℃。

② 湿度在60%～70%，需要恒温的仪器可装双层门窗及空调装置。

③ 大型精密仪器应安装在专用化验室，一般有独立平台（可另加玻璃屏墙分隔）。互相有干扰的仪器设备不要放在同一室。

④ 精密电子仪器以及对电磁场敏感的仪器，应远离强磁场，必要时可加装电磁屏蔽。

⑤ 化验室地板应致密及防静电，一般不要使用电毯。

⑥ 大型精密仪器室的供电电压应稳定，一般允许的电压波动范围为±10%。必要时要配备附属设备（如稳压电源等）。为保证供电不间断，可采用双电源供电。应设计有专用地线，接地极电阻小于4Ω。

⑦ 精密仪器室要求具有防火、防振、防电磁干扰、防噪声、防潮、防腐蚀、防尘、防有害气体侵入的功能。

2. 气相色谱室

气相色谱法是利用气体作流动相的色谱分离分析方法。汽化的试样被载气（流动相）带入色谱柱中，柱中的固定相与试样中各组分分子作用力不同，各组分从色谱柱中流出时间不同，各组分彼此分离。因此，气相色谱室建设时要考虑气体通入，以及废气排放等多方面因素。气相色谱室建设时的具体要求如下：

① 化验室的内部环境应经常保持清洁和温度、湿度适宜。用空调调节色谱室室内温度为15～30℃，空调出风口要设在房间的上部，风不能直吹色谱仪，湿度小于70%。

② 气相色谱室为单独的房间，与样品处理间分开，以防酸气浸蚀。样品处理间要有通风橱、上下水、药品柜。与发射光谱化验室分开，避免强磁场干扰。

③ 色谱室尽量设置在阴面房间，避免阳光直射在仪器上，避免烟尘、污浊气流及水蒸气的影响。

④ 色谱室地面一般是水磨石地面和地板。

⑤ 色谱台建议尺寸为高0.75m，宽0.8m，长2.3m，台面可采用水磨石板，上面铺胶皮板。仪器台与墙应该留有0.8m左右的维修通道，在仪器台旁配置电脑台。

⑥ 在仪器化验室楼上尽量不设下水道和自来水，防止意外发生时损坏仪器，并且尽量防止水管路在室内通过。

⑦ 根据化验室的布局合理安排气路的分布，气路由室外气瓶室进入色谱室内，气路上要加过滤器。各个气路入室内时应该有总阀和压力指示，氢气要有防爆检查报警装置。各个气体与仪器连接处要有阀门，以利于检修和拆卸。

⑧ 色谱室有氢气和燃烧放出的二氧化碳，因此要有良好的通风，一般在房间靠走廊侧墙的下边离地面200mm高设400mm×400mm的百叶通风口，并采用排气罩局部排风。TCD检测器的尾气要用管线连接到室外。

⑨ 电源功率要足够，有单独的良好接地。若电压不稳，需配置稳压电源，功率大于4kW。为防止断电，还需要接UPS电源。

⑩ 色谱室应设置在附近无影响电路系统正常工作的强电磁场和强热辐射源的地方，不宜建在会产生剧烈振动的设备和车间附近。

3. 光谱分析室

光谱分析室主要是借助现代光谱仪器的工作原理，完成定性或定量分析任务的教学与科研工作场所。光谱仪器是指根据物质对光具有吸收、散射的物理特征及发射光的物理特性进行分析的仪器。光谱仪器有原子发射光谱仪、原子吸收光谱仪、分光光度计、原子荧光光谱仪、荧光分光光度计、X射线荧光仪、红外光光谱仪、电感耦合等离子体（LCP）光谱仪、拉曼光谱仪等。

光谱室建设时的具体要求如下：

① 光谱室应尽量远离化学化验室，以防止酸、碱、腐蚀性气体等对仪器的损害，远离辐射源。

② 室内应有防尘、防振、防潮等措施。

③ 仪器台与窗、墙之间要有一定距离，便于对仪器的调试和检修。

④ 应设计局部排风。

四、辅助室对环境要求及基础设施建设

1. 中心洗涤室

中心洗涤室是作为化验室里集中洗涤化验用品的房间，房间的尺度应根据日常工作量决定，但一般不应小于一个单间（如 $24m^2$）。洗涤室的位置应靠近基本化验室，室内通常设有洗涤台，其水池上有冷热水龙头，以及干燥炉、干燥箱和干燥架等。要有专门清洗玻璃器皿的区域，有机分析用的器皿与无机分析用的器皿分开，用于检测有毒物品的器皿要专用。如果采用自动化洗涤机，则应考虑在其周围留有足够空间，以便检修和装卸器皿。工作台面需耐热、耐酸碱。房间应有良好的排风设备。

2. 中心准备室与溶液配制室

两室参照化学分析室条件，但需注意阳光暴晒，防止受强光照射使试样变质或受热蒸发，规模较小的中心准备室和溶液配制室也可以附设于化学分析室内。

中心准备室一般设有实验台，台上有管线设施、洗涤池和储藏空间。

溶液配制室用来配制标准溶液和各种不同浓度的溶液。溶液配制室一般可由两个房间组成。其中一间放置天平台，天平可按两人一台考虑。另一间作存放试剂和配制试剂之用，室内应有通风柜、滴定台、辅助工作台、写字台、物品柜等。

3. 加热室

高温炉与恒温箱是化验室的必备设备，一般设在工作台上，特大型的恒温箱则需落地设置。高温炉与恒温箱的工作台分开较好，因恒温箱大都较高大，工作台应稍低，可取700mm 高，而高温炉可采用通常的 850mm 高的工作台。另外，恒温箱的型号较多，工作台的宽度应根据设备尺寸确定，通常取 800~1000mm 宽。而高温炉的尺度一般较小，可取600~700mm 宽。

① 加热操作台应使用防火、耐热的防火材料，以保证安全。

② 当有可能因热量散发而影响其他化验室工作时，应注意采用防热或隔热措施。

③ 设置专用排气系统，以排出试样加热、灼烧过程中排放的废气。

④ 高温室内电源应备有足够大的功率，最好用防火材料与其他房间做隔断。

4. 低温室

低温室墙面、顶部、地面都应采取隔热措施，室内可设置冷冻设备。房间温度如保持在4℃时，则人可在里面进行短时间的工作，如温度很低（−20℃）时，则这种房间仅适宜于储藏。

5. 离心机室

大型离心机会产生热量，同时也产生一定程度的噪声，它们不宜直接安装在一般的化验室里，常采取将化验室里较大的离心机集中在单独的房间里。墙上根据离心机的数量按一定间距设置电源插座。室内应有机械通风，以排出离心机产生的热量。墙与门要有隔声措施，门的净宽应考虑到离心机的尺度。室内可按需要设有工作台及洗涤池等设备。

6. 试样制备室

试样制备室必须有排风设施，独立排气柜，有机、无机前处理分开；墙、地板、实验台、试剂柜等要绝缘、耐热、耐酸碱、耐有机试剂腐蚀；地面应有地漏，防倒流；设置中央

实验台的化验室应设供实验台用的上下水装置、电源插头；带试剂架的实验台及辅助工作台，设置药品柜、器皿柜、落地安置的仪器设备、急救器等。

① 保证通风，避免热源、潮湿和杂物对试样的干扰。

② 设置粉尘、废气的收集和排出装置，避免制样过程中的粉尘、废气等有害物质对其他试样的干扰。

③ 待分析测试的坚实试样，如岩石、煤块等必须先进行粉碎、切片、研磨等处理，其所用设备既产生振动，又产生噪声，应采取防振与隔声措施。

7. 试剂和试样储存室

微课扫一扫

码1-10　试剂
储存室

普通试剂储藏室是指供某一层或化验室专用的一般储藏室，不作为供特殊毒性、易燃性化学品或大型仪器设备储藏的房间。室内可按实际需要设置 300～600mm 宽的柜子，要求阴凉、有良好通风，避免阳光直射，应干燥、清洁，且不要靠近加热室、通风柜室。普通试剂储藏室房间应朝北、干燥、通风良好，顶棚应遮阳隔热，门窗应坚固，窗应为高窗，门窗应设遮阳板，门应朝外开。

独立的样品存储室，存储柜功能区间应划分清楚，标明未检样品、在检样品和已检样品。样品室必须干燥、通风、防尘、防鼠。

8. 危险药品储存室

危险药品大部分属于易燃、易爆、有毒或腐蚀性物品，故不要购置过多。储藏室存放少量近期要用的化学药品，且要符合危险品存放安全要求。具有危险性的物品，通常储存在主体建筑物以外的独立小建筑物内。这种储藏室的入口应方便运输车辆的出入，门口最好与车辆尾部同高，这样室内地面也就与车辆尾部同高。此外，要另设坡道通到一般道路平面，以便化验室人员平时用手推车来取货。

储藏室应结构坚固，有防火门，保证常年良好通风，屋面能防爆，有足够的泄压面积，所有柜子均应由防火材料制作，设计时应参照有关消防安全规定。

通常选用可以符合以下条件的房间作为危险药品储藏室。

① 通常应设置在远离主建筑物、结构坚固并符合防火规范的专用库房内。房间应朝北、干燥、通风良好，顶棚应遮阳隔热，通风良好，远离火源、热源，防雷电，避免阳光暴晒。

② 易燃液体储藏室室温一般不许超过 28℃，有爆炸品时不许超过 30℃，相对湿度不超过 85％。

③ 室内设排气降温风扇，采用防爆炸型照明灯具，配备消防器材。

④ 库房内应使用防火材料制作的防火间隔、储物架，储存腐蚀性物品的柜、架，应进行防腐蚀处理。

⑤ 危险试剂分类分别存放，挥发性试剂存放时，应避免相互干扰。少量危险品可用铁板柜或水泥柜分类隔离储存。

⑥ 用防火门窗，门窗应坚固，窗应为高窗，门窗应设遮阳板，并且朝外开。

9. 放射性物品储存室

有些化验楼中设置有放射性化验室，故同位素等放射性物质大都应放在衬铅的容器里存放，并放置在专门的储藏室里，同时放射性废物也必须保存在单独的储藏室里进行处理。

10. 实验用水制备室

化验室中溶液的配制、器皿的洗涤都要用蒸馏水，蒸馏水可在专门的设备中制取。蒸馏

水室的面积一般为 $24m^2$ 左右，可设在顶层，由管道送往各化验室。可按层设立小蒸馏水室，也可采用小型蒸馏水设备直接设在化验室里面。

制备室内要有防尘设施，工作台面应坚固耐热，配设有能满足制水设备功率要求的电源线路。供水水龙头应有隔渣网。

11. 气瓶室

化验室常有气相色谱、气质联用、原子吸收、ICP 等精密仪器，这些精密仪器工作时使用的高纯气体主要有不燃气体（氮气、二氧化碳）、惰性气体（氦气、氩气）、易燃气体（氢气、乙炔）、助燃气体（氧气）等。化验室用气主要由气体钢瓶提供。现今较安全的供气方式为集中供气，集中供气的地方称为气瓶室。气瓶室建设要达到以下要求：

① 周围环境   储气室及其周围不能有热源、火源、电火花、易燃易爆和腐蚀性的物质等存在，以免发生安全事故。

② 燃助分置   储气室应至少有两间单独房子，分别储放易燃气钢瓶和助燃气体、惰性气体钢瓶，以避免燃气、助燃气存放在一起而造成意外事故。

③ 室内温度   储气室内温度最好不低于 10℃ 和不超过 35℃，不能阳光直射或者雨雪直入，以免引发爆炸或其他事故。

④ 钢瓶检验   高压钢瓶应定期检验，要有检验合格证才能使用；高压钢瓶上要有代表所储气体的标记颜色和字样。

⑤ 钢瓶安全   室内气瓶竖立放置立地可靠，应认真检查阀门接头和减压阀等是否牢靠好用，用后应及时关闭阀门。

⑥ 防火防爆   储气室内必须严禁烟火，应使用防爆型照明，室内应有防火防爆以及灭火等安全设施，要随手锁门。

⑦ 室内建设   气瓶室要用非燃或难燃材料建造，墙壁用防爆墙，轻质顶盖，门朝外开。要避免阳光照射，并有良好的通风条件。室内设有直立稳固的铁架，用于放置钢瓶。

集中供气需要用管线将各种气体输送到各个仪器，因此对于输送管线的要求也较严格：

① 管材   常用的管材有不锈钢、紫铜、聚四氟乙烯和聚乙烯等。因塑料管容易老化和损坏，应注意及时更换。

② 耐压   选用的管子直径宜小不宜大，至少要能承受 0.6MPa（$6kg/cm^2$）以上的压力；所用的管子和器件要注意清洁干净。

此外，管线安装之后要进行检漏。把进入仪器之前的气路出口端密封，打开高压气瓶上的减压阀，调节出口压力为 0.5～0.6MPa（5～$6kg/cm^2$），用十二烷基磺酸钠中性水溶液或甘油水溶液（甘油与水以 1：1 左右混匀即可），检查自钢瓶至进入仪器之前的整个管线的接头和焊缝，没有漏气现象发生时即可使用。

📖 **企业案例**

化验室的整体设计是否合理、科学，对提高化验室的效率、保障检验质量、降低样品交叉污染概率及提高环境质量等都有特别重要的意义。化验室无论是新建、扩建或是改建项目，应综合考虑化验室的总体规划、合理布局和平面设计，以及供电、供水、供气、通风、空气净化、安全措施、环境保护等基础设施和基本条件，本着"安全、环保、实用、耐久、美观、经济、卓越、领先"的规划设计理念。

现以位于四川省泸州市黄舣镇的四川国检检测股份有限公司的国家酒类及加工食品质量监督检验中心为例，综合学习化验室的布局及要求。

码1-11 化验室的
布局及要求(企业
案例一)   码1-12 化验室的
布局及要求(企业
案例二)   码1-13 化验室的
布局及要求(企业
案例三)   码1-14 化验室的
布局及要求(企业
案例四)

思考与交流

根据所学化验室建筑设计和基础设施建设、环境要求，设计出一间容纳 30 台精密电子天平的天平室，绘制出平面图并加以文字说明。

任务小结

		实验台	实验台的组成 实验台的布置方式 实验台的结构形式 化学实验台的设计
不同化验室的基础设施建设设计	化验室的基础设施建设	化验室通风系统	局部排风 全室通风
		化验室给排水系统	化验室的给水 化验室排水系统
		化验室的工程管网	化验室的工程管网布置原则 工程管网的布置方式 化验室供电系统 供气系统 采暖 空调
	基础化验室对环境要求及基础设施建设	环境要求	温度、湿度、室内照明、给水和排水系统、建筑材料、通风条件、实验台等
		基础设施建设要求	
	仪器分析室对环境要求及基础设施建设	天平室	天平室的环境要求 天平室基础设施建设要求
		其他大型精密室	环境要求 气相色谱室 光谱分析室
	辅助室对环境要求及基础设施建设	中心洗涤室	
		中心准备室与溶液配制室 加热室 低温室 离心机室 试样制备室 试剂和试样储存室、危险药品储存室 放射性物品储存室 实验用水制备室 气瓶室	

✳ 实训任务

考察实训楼

任务导入

某检测中心欲将一间化学分析实验室改造为气相色谱室，设计气路系统和排风设备时应注意什么？

知识目标：

巩固所学"化验室建筑设计""化验室基础设施建设设计"基础知识。

能力目标：

1.能判断基础化学分析室、天平室、精密仪器室、不同辅助室必要的基础设施及用途；

2.能运用所学针对基础化学分析室、天平室、精密仪器室、不同辅助室的不足之处提出改进措施。

思政目标：

1.树立专业自信、团结协作的职业精神；

2.培养安全第一，经济环保的职业理念；

3.传递精益求精的职业精神。

通过学习"化验室建筑设计""化验室基础设施建设设计"中关于组建化验室的相关知识，实地考察学校化验室的建设情况，在巩固所学知识的同时，加深对即将陪伴学习和职业生涯的"化验室"的了解，并完成以下实训任务单。

_____实训楼考察报告

班级：　　组号：　　学号：　　姓名：　　时间：

实训室	内　容　要　求
建筑走廊管道	实验室建筑要求:高度≥_____m,走廊宽度≥_____m 本楼实际:高度≥_____m,走廊宽度_____m 本实训楼现有管道分为_____、_____、_____、_____,如天气特别寒冷或温度要求特别高,还需要分别加装_____和_____。
（　　　）实训室	1.化学实验室废气来源于两个方面:_____、_____,如不及时排出可能会造成_____等危险。 2.本室安排排风扇/排风罩_____个,目的是_____,实验室安装排风罩或通风柜目的是: 3.识别本室岛式实验台_____个,半岛式实验台_____个,各有何优缺点? 岛式: 优点: 缺点: 半岛式: 优点: 缺点:

实训室	内　容　要　求
	4. 测量实验台尺寸,实验台与实验台、通风柜、窗户间的距离。 实验台:长_____m,宽_____m,高_____m 实验台与实验台间距:_____m 实验台与通风柜间距:_____m 实验台与窗户间距:_____m 5. 纯水机的作用是什么? 6. 能否直接用自来水做化学分析? 为什么? 7. 化验室清洗剂有:A. 酸 B. 碱 C. 氧化剂 D. 还原剂 E. 表面活性剂 F. 混合清洗剂,本室采用的清洗剂为_____和铬酸洗液,分别属于何种类型? _____ 有人建议: (1)采用荧光增白剂清洗仪器可使其更加洁亮,是否可行? (2)试验后将玻璃仪器集中泡在碱液中加热,再用清水洗净既省事又快速,是否可行? 8. 你认为学校化学分析实训室基础设施有什么需要改进的?
精密仪器室	1. 学校有哪些精密仪器? (5 种以上) 2. 天平室有哪些防振措施? 3. 责任标牌需标明哪些内容? 4. 制定岗位责任制的意义在于? 5. 岗位责任制制定的项基本原则? 6. 为什么标准溶液要标明标定周期? 7. 天平室、精密仪器室主要环境要求:_____本室标明的温度、湿度要求为:温度_____湿度_____。 8. 若混合机、颗粒机、振动筛、压片机、搅拌机、离心机、粉碎机等,集中安置在精密仪器室旁边,有何弊端? 9. 你认为天平室基础设施有什么需要改进的? 有哪些优势值得借鉴? 10. 你认为精密仪器室基础设施有什么需要改进的? 有哪些优势值得借鉴?

练一练测一测

1. 单选题

(1) 在现代化生产企业，分析检验人员成为控制生产过程、提高产品质量的（ ）。

A. 参与和决策人员　　　　　　　　　B. 助手

C. 副手　　　　　　　　　　　　　　D. 可有可无的人员

(2) 化验室的主要工作包括（ ）。

A. 分析检验工作　　　　　　　　　　B. 组织与管理工作

C. 实现生产现场直接控制工作　　　　D. 组织管理工作和分析检验工作

(3) 我国最早诞生的第一部技术标准文件是（ ）。

A.《营造法式》　　　　　　　　　　B.《考工记》

C.《天工开物》　　　　　　　　　　D.《本草纲目》

(4) 化验室可以从几种角度定义？（ ）

A. 3 种　　　　　　B. 4 种　　　　　　C. 6 种　　　　　　D. 5 种

(5) 化验室的定义分别是从化验室的物质属性、社会属性和（ ）给出。

A. 差别　　　　　B. 功能角度　　　　C. 物理属性　　　　D. 以上均不正确

(6) 实验台的设计方式有（ ）。

A. 靠墙实验台、双面实验台　　　　　B. 长实验台

C. 短实验台　　　　　　　　　　　　D. 宽实验台

(7) 实验台的宽度最小不应小于（ ）。

A. 500mm　　　　　B. 300mm　　　　　C. 800mm　　　　　D. 600mm

(8) 单面实验台上的药品架宽度考虑为（ ）。

A. 200～300mm　　B. 300～500mm　　C. 600～700mm　　D. 900～1000mm

(9) 化验室的通风系统的通风方式一般有（ ）种。

A. 2　　　　　　　B. 5　　　　　　　C. 6　　　　　　　D. 7

(10) 精密仪器化验室的温度范围在（ ）。

A. 20～30℃　　　　B. 25～30℃　　　　C. 15～30℃　　　　D. 10～30℃

(11) 精密仪器化验室的湿度范围在（ ）。

A. 60%～80%　　　B. 60%～75%　　　C. 50%～70%　　　D. 以上均不正确

2. 多选题

(1) 化验室的基本要素包括（ ）等方面。

A. 明确的目标和任务　　　　　　　　B. 一定数量的化验室工作人员

C. 必要的化验室建筑用房、仪器设备和其他设施

D. 必需的经费　　　　　　　　　　　E. 有关的信息资料

(2) 化验室的功能包括（ ）等方面。

A. 原辅料和产品质量分析检验功能

B. 生产中控分析检验功能

C. 为技术改造或新产品试验提供分析检验的功能

D. 为社会提高分析检验的功能

(3) 化验室按主要使用的分析检验方法分类，可分为（ ）。

A. 化学分析检验室　　B. 中控化验室　　C. 仪器分析检验室　　D. 中心化验室

（4）化验室按功能分类可分为（　　　）。

A. 中间化验室　　　　B. 中控化验室　　　　C. 仪器分析化验室　　　D. 中心化验室

（5）溶液配制室一般可由（　　　）房间组成。

A. 标定室　　　　　　B. 溶液室　　　　　　C. 天平室　　　　　　D. 制备室

（6）建筑设计所需文件包括（　　　）。

A. 主管部门使用要求，建筑面积、单方造价和总投资的批文

B. 工程设计任务书

C. 城建部门同意设计的批文

D. 委托设计工程项目的手续

（7）设计前的准备工作包括（　　　）。

A. 熟悉设计任务书，明确化验室建设项目的设计要求

B. 收集必要的设计原始数据

C. 设计前的调查研究

D. 学习有关方针政策，以及同类型设计的文字、图纸说明

（8）通风柜的平面布置包括（　　　）。

A. 靠墙布置　　　　　B. 嵌墙布置　　　　　C. 独立布置　　　　　D. 靠窗布置

（9）常用的排气罩有（　　　）。

A. 挡式　　　　　　　B. 侧吸罩　　　　　　C. 伞形罩　　　　　　D. 全吸式

（10）排气罩的布置要求包括（　　　）。

A. 尽量靠近产生有害物的发源地

B. 对于有害物的不同的散发情况应采用不同的排气罩

C. 排气罩要便于实验操作和设备的维护检修

（11）精密仪器化验室设计时，都应考虑（　　　）。

A. 温度　　　　　　　B. 湿度　　　　　　　C. 防尘　　　　　　　D. 防噪

（12）天平室对环境的要求包括（　　　）。

A. 天平室应避免阳光直射　　　　　　　B. 安装专用天平防振台

C. 天平室应专室专用　　　　　　　　　D. 天平室的温度、湿度的要求

（13）通风柜的类型包括（　　　）。

A. 顶抽式通风柜　　　　　　　　　　　B. 狭缝式通风柜

C. 供气式通风柜　　　　　　　　　　　D. 活动式通风柜

3. 判断题

（1）在实际工作中，明确化验室组织与管理工作是提高化验室水平和化验室工作质量的保证。　　　　　　　　　　　　　　　　　　　　　　　　　　　　　　　　（　　　）

（2）通过科学有效的管理工作来加强化验室建设，进一步促进组织效率的提高，高效率地实现化验室组织的目标和任务。　　　　　　　　　　　　　　　　　　　　　　（　　　）

（3）化验室仅可对企业生产所需原辅料进行分析检验，得出结论。　　　　　（　　　）

（4）化验室可以对企业的生产技术改造或新产品试验等科研活动提供正确的分析检验结论。　　　　　　　　　　　　　　　　　　　　　　　　　　　　　　　　　　（　　　）

（5）第一部技术标准是元朝的《考工记》。　　　　　　　　　　　　　　　（　　　）

（6）分析检验人员从单纯的数据提供者转为由分析检验数据获取有用信息，成为控制生产过程、提高产品质量的参与者与决策者。　　　　　　　　　　　　　　　　　　（　　　）

（7）有些化验室可以对外提供一定的分析检验技术服务。　　　　　　　　（　　）

（8）分析试剂储存室和仪器储存室供存放非危险性化学药品和仪器，且不要靠近加热室、通风柜室。　　　　　　　　　　　　　　　　　　　　　　　　　　　（　　）

（9）精感化验室的工作室，采光系数应取 0.2～0.5（或更大），当采用电器照明时，其照度应达到 150～200lx（勒克斯）。　　　　　　　　　　　　　　　　　　（　　）

（10）人们把自然振源与人工振源合称为"环境振源"，在实际工作中对化验影响最大的是人工振源。　　　　　　　　　　　　　　　　　　　　　　　　　　　　（　　）

4. 问答题

（1）为什么化学化验室要强调通风？

（2）化验室能直接用自来水配制溶液吗？为什么？

项目二
管理化验室的硬件设施

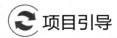项目引导

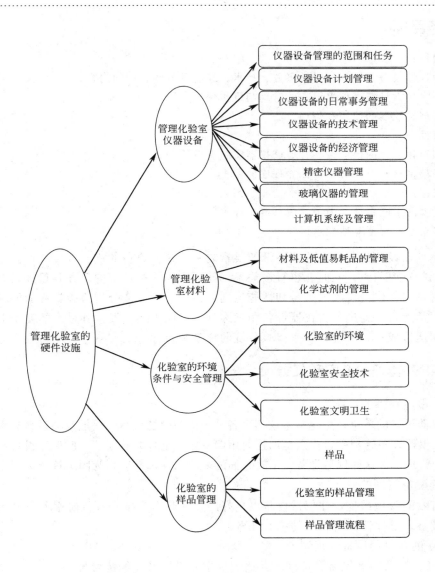

任务一　管理化验室仪器设备

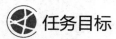 任务导入

　　某检测中心的气相色谱仪由多人共同使用，甲休假1个星期后回到岗位使用时发现仪器不能正常运转，经排查发现气相色谱进样口密封垫老化，更换后即可正常使用。查看仪器使用记录发现，缺少了1个星期的使用记录（该时间内仪器由乙使用）。

　　请思考：

　　1.该检测中心气相色谱仪器的管理存在什么缺陷？

　　2.分析检验中，仪器设备扮演着重要的角色，管理化验室仪器设备对分析检验有哪些意义？

任务目标

知识目标：

1.掌握仪器设备在计划、日常事务、技术、经济等方面管理的内容；

2.掌握常见大型精密仪器设备的管理与维护保养方法；

3.掌握玻璃仪器的使用和管理方法。

能力目标：

1.能够对化验室的仪器设备、玻璃仪器实施有效管理；

2.了解精密仪器设备的维护保养程序。

思政目标：

1.树立大国工匠精神、中国"质"造精神；

2.树立安全、规范及精准意识。

　　化验室仪器设备是化验室检验系统的要素之一。仪器设备的优劣是反映检验系统分析检验能力高低的重要因素。同时，也直接关系到能否实现检验系统的任务和目标。对化验室仪器设备的管理，使仪器设备的型号和性能达到分析检验方法或分析检验规程的要求；保证仪器设备的正常运行；促进各类仪器设备相互弥补、协同工作，发挥其最大的使用潜能，以最小的投入和运行成本，实现化验室检验系统的任务和目标。

一、仪器设备管理的范围和任务

　　1.仪器设备管理的范围

　　根据仪器设备的单价，把化验室仪器设备分为低值仪器设备、一般仪器设备和大型精密仪器设备。在仪器设备管理中，重点是加强耐用期一年以上且非易损的一般仪器设备和大型精密仪器设备的管理。对这些仪器设备，不管它们的来源如何，都应列为固定资产进行专项管理。

　　2.仪器设备管理的任务

　　利用有效的管理措施，使仪器设备以良好的技术状态为生产及科研服务，最大限度地发挥其投资效益，是仪器设备管理的中心任务。

　　① 建立健全仪器设备管理制度。

　　② 正确选择及购置仪器设备（既要达到技术先进，又要经济合理）。

　　③ 购进的仪器设备应尽快投入使用，并按计划进行定期保养、维修，使设备提供最大

限度的可用时间。

④ 充分而合理地利用仪器设备的技术性能，提高仪器设备的使用效能。

⑤ 有目的地进行技术开发。

⑥ 控制仪器设备运行费用。

二、仪器设备计划管理

1. 仪器设备购置计划的编制

（1）编制仪器设备购置计划的依据　生产中中控分析和产品质量检验所必需的分析测试仪器；技术改造和产品开发等科研工作必需的仪器设备；企业生产发展和技术进步所需要更新换代的仪器设备等。

码2-1　仪器设备
计划管理

（2）经常性购置计划和年度购置计划　化验室的仪器设备因使用性能逐渐降低而不能满足需要或突然损坏时，需及时地补充备用仪器设备，所以要编制仪器设备经常性购置计划。考虑到化验室分析检验系统整体可持续发展，应编制仪器设备年度购置计划。

2. 仪器设备的申购、选型、论证和审批

（1）仪器设备的申购、选型、论证　根据化验室检验系统有关专业工作室分析检验工作或其他工作的需要，由专业工作室负责人提出仪器设备申购计划，并按工作上适用、技术上先进、经济上合理的原则做好正确的选型和可行性论证。

（2）仪器设备申购计划的审批　一般仪器设备的申购计划经化验室主任签署意见后，由企业分管负责人审核批准。大型精密仪器设备的申购计划除企业分管负责人审核同意外，还要请有关专家和同行进行可行性论证，提出评审论证意见，由企业负责人审批。

3. 仪器设备申购计划的实施

根据批准的仪器设备申购计划，由企业的供应部门或化验室（对小企业而言）制订采购实施计划。如无特殊规定，均进入市场进行采购。

三、仪器设备的日常事务管理

1. 仪器设备的账卡建立和定期检查核对

凡是列入固定资产的仪器设备应按国家和企业有关规定，进行分类、编号、登记、入账和建卡（仪器设备管理卡示例见图2-1），卡片一式3份，其中企业设备管理部门一份，化验室一份，随仪器设备存下级化验室或专业室一份。

企业财务部门建立固定资产分类总账，企业设备管理部门建立仪器设备进出的流水账、分类明细账和分户明细账。企业财务部门与企业设备管理部门定期核对，至少半年一次，应做到账账相符。企业设备管理部门与化验室、下级化验室或专业室也应定期核对，至少每年一次，应做到账、物、卡三相符。

化验室应对属于固定资产的仪器进行计算机管理，以便于更好地进行检索、核对、报废和赔偿等管理工作。

2. 仪器设备的保管和使用

仪器设备的单位应选派职业道德素质高、责任心强、工作认真负责，并具有较强业务能力的人员专职或兼职负责仪器设备的保管工作。对大型精密仪器设备的管理和使用，必须建立岗位责任制，制订操作规程和维护使用办法，对上机人员必须经过技术培训，考核合格后方可使用。

仪器设备管理卡			
名称	压力试验机	型号/规格	DYE-20000n
生产厂商	无锡华锡	购置价格	/
出厂编号	2166	购置日期	2015.12
管理编号	LZ-SO2-02	启用日期	2016.3.8
存放地点	力学室	管理人	谢冬林

图 2-1　仪器设备管理卡示例

3. 仪器设备的调拨和报废

化验室如有闲置或多余的仪器设备，应予调拨。化验室内部各专业室之间、企业内各部门之间实行无偿调拨。企业之外则实行有偿调拨，仪器设备调拨后应办理固定资产转移和进行相应的财务处理。

仪器设备达到使用技术寿命或经济寿命时，如确已丧失正常效能、技术落后、能耗较大，或损坏严重无法修复，有的虽能修复，但修理费用超过新购价格 50%，都应做报废处理。一般仪器设备的报废，由企业设备管理部门审核同意，大型精密仪器设备报废还需经企业主管领导审批，并报企业上级主管部门批准或备案。报废的仪器设备可以降级使用、拆零部件使用或交企业设备管理部门的回收仓库。同时，应做好变更固定资产价值或销账撤卡工作。

4. 仪器设备损坏、丢失的赔偿处理

仪器设备发生事故造成损坏或丢失时，应组织有关人员查明情况和原因，分清责任，做出相应的处理。

① 明确赔偿界限　因违反操作规程等主观因素造成的损坏均应赔偿，由于自然损耗等客观因素造成的损失可不赔偿。

② 确定赔偿的计价原则　损坏或丢失的仪器设备要严格计价赔偿。损坏的仪器设备应按新旧程度合理折旧并扣除残值计算；损坏或丢失零配件的，只计算零配件价格；局部损坏可修复的，只计算修理费。

在处理此类事件中应遵循教育为主、赔偿为辅的原则。因责任事故造成仪器设备损失的，应责令相关人员认真检查，并按损失价值大小、造成事故的原因和认识态度进行批评教育并令其进行经济赔偿。损失重大、后果严重、认识态度恶劣的，除责令赔偿外，还应给予行政处分，甚至追究刑事责任。

四、仪器设备的技术管理

1. 仪器设备的验收

仪器设备的验收重点在于对仪器设备质量的确认，此项工作一般是由仪器设备管理部门、使用单位和供货方的人员共同承担，主要从实物和技术性能两方面进行验收。

仪器设备购置合同签订后即应着手准备验收。落实管理及验收人员、准备安装场所、培训使用技术，在仪器到货之前做好一切验收准备。小型仪器设备由使用及管理人员负责验收，大型仪器设备由所涉及化验室负责人组织使用管理人员、专家、档案管理人员共同验收。

验收内容主要有数量验收（开箱时应注意包装完整性，主机、配置、附件、备件数量和外观，随机资料、工具是否齐全，装箱单、实物、订货合同三者应当相符，不相符的应办理索赔）、质量验收（质量验收包括全部性能指标的测试和稳定性考核。验收完毕，验收负责人应在验收单上就仪器质量、性能做出判定和评价，验收合格后在验收单上签字）。数量验收和质量验收都必须在索赔期内尽早完成，需要索赔的由技术组配合仪器设备管理人员及时办妥索赔手续。

验收完毕应将有关资料，如仪器订货单、订货合同、到货通知单、装箱单、发票、验收记录和报告（包括卖方人员安装调试报告）、索赔报告、仪器说明书等随机资料归档，档案管理人员即时建立该仪器档案，并将仪器说明书等资料的复印件交给使用及管理人员。

2. 仪器设备的使用

仪器设备的使用环境应满足使用要求。凡新购用于检测的仪器，正式启用前必须进行检定。

主要仪器设备应制订操作规程，内容应包括操作方法、安全注意事项、维护方法。操作规程由各仪器设备管理人员编制，由技术主管审核批准，并由档案管理人员及时备案。

仪器设备使用管理人员必须熟悉使用说明书，掌握使用方法，严格按规章操作，维护仪器性能，保持仪器清洁。大型精密仪器设备实行专人管理，使用前必须熟悉仪器设备的结构、性能、操作、维护后方可上岗，并负责仪器设备日常使用及维护保养。如仪器设备对外开放，必须对各实验人员进行培训，合格后实验人员才能使用相应的仪器。

化验室仪器设备需建立使用登记制度（仪器使用登记表示例见图 2-2），使用人员使用时应做好开机校验并认真填写使用登记。操作规程和使用登记本应放在固定位置，便于记录和检查，记录本应由相应仪器设备管理人员负责检查、保管。

操作人	事由	开始时间	结束时间	使用前	使用后	签名	备注

图 2-2　仪器使用登记表示例

仪器使用完毕后按要求切断电源、水源、气源，清理好现场。连续工作的全自动仪器应有断电和短路保护装置，使用人员离开前应做好连续工作的一切准备。

使用仪器设备过程中如发现异常，应停止使用，并报告仪器设备管理人员，严重故障时应立即报告化验室技术总管。

3. 仪器设备的维护保养和修理

仪器设备使用过程中，由于外界因素和仪器设备自身等多种原因，必然会导致仪器设备的技术性能发生一定程度的变化，甚至诱发其故障或事故。因此，及时地发现和排除故障或事故的隐患，确保仪器设备正常运行显得尤为重要。在仪器设备的管理中，对仪器设备实施必要和合理的维护保养是实现仪器设备正常运行最有效的途径。

为了做好仪器设备的维护保养工作，应根据仪器设备各自的特点制订维护保养细则，严格做到维护保养工作经常化、制度化；坚持实行"三防四定"制度，即认真做到"防尘、防潮、防振"和"定人保管、定点存放、定期维护、定期检修"，将此工作纳入责任制管理范畴，从而使仪器设备整洁、润滑、安全运行、性能稳定。

仪器设备发生故障时，应停止使用，使用及管理人员在运行登记本上详细注明故障现象和发生经过，并进行常规检查，在其能力范围内尽可能排除故障。排除不了的由化验室管理人员提出维修申请，报请仪器设备厂家专业维修人员进行维修。

　　仪器设备的修理也是仪器设备的管理中不可缺少的工作，仪器设备的修理可分为事后修理和事前检修。当某一仪器设备出现故障而不能运行时，维修人员对其进行故障原因的检查、修理，或更换受损的零部件，进行必要的调试等，使该仪器设备恢复到正常运行状态，由于是出现故障后进行的修理，所以称为事后修理。事后修理因事先始料不及，可能使修理时间较长，对分析检验工作和生产都会带来影响，因此，必须及时进行。应创造条件建立化验室仪器设备维修站（点），培养仪器设备修理人员，以承担化验室整个检验系统仪器设备的修理任务。化验室维修站（点）无法维修的仪器设备，应送相关厂商设置的产品维修网点进行维修。

　　4. 仪器设备性能的技术鉴定和校验

　　仪器设备性能的定期技术鉴定和校验，是合理地使用仪器设备、保证分析检验结果的准确性和可靠性所必须进行的工作。对化验室的分析测试仪器设备进行技术鉴定和校验工作，应指定专人负责管理。在仪器设备的使用过程中，如发现异常的现象，应立即停止使用，及时对其性能进行技术鉴定和校验，以确定该仪器设备是保级使用还是降级使用，或者是淘汰。与分析测试有关的计量仪器，在实际使用过程中，必须按规定期限进行计量检定，以确保其计量值传递的可靠性。对突然出现计量性能变化较大（测试结果可疑）的计量仪器，应停止使用，及时送专业检定机构进行计量检定。

　　5. 仪器设备的淘汰

　　仪器设备达到使用技术寿命或经济寿命时，如确实丧失正常效能、技术落后、能耗较大，或损坏严重、无法修复，有的虽能修复，但修理费用超过新购价格的50%，都应做报废处理。

　　仪器设备长期运行或事故损坏致使技术性能下降而又无法修复的，能降级使用的经法定计量部门检定，可按其实有精度降级使用，不能使用的，根据国家有关规定申请报废。由技术管理人员提出申请报技术主管，技术负责人组织有关人员和专家进行鉴定，并请有关部门及领导参加，填写报废意见，经技术负责人审核签字，按资产管理权限报批，仪器管理部门备案。

五、仪器设备的经济管理

　　1. 经济合理地选购和使用仪器设备

　　中控化验室、中心化验室等不同层次的化验室，由于各自所承担的分析检验任务不同，所以在仪器设备的配置上应遵循经济合理的原则，满足其相应的需要，避免大机小用、精机粗用，以达到寿命周期费用低而效率高的目的。

　　仪器设备的购置原则如下。

　　① 根据化验室学科研究的需求、化验室发展计划和经费能力制订仪器设备购置计划。

　　② 购置课题内使用的仪器设备由化验室课题负责人自行选型、调研、论证、招标及购置。

　　③ 万元以上的大型仪器购置要进行论证、答辩、招标和报批等过程。由化验室领导、有关专家和人员组成"论证小组"，对大型仪器购置方案的必要性、合理性、可行性进行论证，并筹资购置。

　　④ 批准购置的仪器设备，由化验室技术负责人与具体管理人员配合组织实施。

　　⑤ 万元以下的小型仪器设备购置，亦应根据化验室需求提出申请，搞好调研，报化验室主任审查批准，筹资实施购置。

　　2. 提高仪器设备的投资效益

　　大型精密仪器设备一般应集中在中心化验室，除中心化验室使用外，还应为其他化验室和需求单位提供有偿服务，实现资源的局部共享。制订有偿服务项目和合理的收费标准，切实开展有偿服务工作，充分提高仪器设备的投资效益。

3. 提高仪器设备的完好率和利用率

（1）仪器设备的完好率和利用率　仪器设备的完好标志是指其性能良好，基本保持出厂指标，零件齐全，运行正常。仪器设备完好率是指完好的仪器设备台数与在用仪器设备总台数的比率。仪器设备利用率是指仪器设备在一年中的实际使用时间和年额定使用时间的比率。

（2）提高仪器设备的完好率和利用率　合理配置仪器设备的管理和使用人员，通过有效的措施，提高其工作积极性和责任感；加强仪器设备的常规管理和技术管理，使仪器设备处于完善可用的状态；合理安排，使仪器设备处于合理的满负荷工作状态；充分保证仪器设备正常运行的基本条件，如水、电、能源的安全运输，仪器设备运行所消耗物品的供应，仪器设备维护费用的保证等。

六、精密仪器的管理

1. 精密仪器的概念

能够进行"半微量"成分分析，并且仪器的刻度细分至全量程的 $1\% \sim 0.5\%$（还可以再估算到 0.1%），实际测量误差在全量程的 1% 以内的分析测量仪器即为精密仪器。

2. 精密仪器的分类

化验室精密仪器按其结构特点和功能分为普通精密仪器和大型精密仪器设备。普通精密仪器体积比较小，结构比较简单，功能比较单一，可以方便地携带和收藏，占用面积有限，能独立使用，如分光光度计、自动电位滴定仪、电导率仪。大型精密仪器设备体型大，占用面积较大，一般需要专用的试样预处理配套设备。化验室常用的分析检验大型精密仪器设备主要有红外

微课扫一扫
码2-2　化验室常用大型精密仪器

分光光度计、紫外分光光度计、原子吸收分光光度计、气相色谱仪、液相色谱仪、质谱仪、核磁共振波谱仪等。随着科学技术的飞速发展，大型精密仪器设备也正沿着综合化、复合型、多功能、灵敏度提高、精密度和准确度提高、性价比提高、对使用环境要求降低的趋势发展。

3. 精密仪器的使用

精密仪器大多比较娇贵和脆弱，在使用过程中要避免环境振动及不适宜的温度和湿度。此外，电源电压波动、外电场、磁场等因素也会影响精密仪器的工作。

在使用仪器进行测定时，必须事先用"标准物质"或"标准试样"对仪器进行标定或进行对照实验。

4. 精密仪器的系统管理

系统管理是对仪器运行的全过程，包括仪器申请计划、选购、验收、安装、调试、使用、维护、维修、检验、改造、报废等进行全面管理，对仪器系统的财力、物力、人力、信息和实践等因素进行综合管理，使得仪器整个寿命周期费用最经济，仪器的综合效益最高。精密仪器设备管理的基本任务是管好、用好、维护好仪器设备，不断提高仪器的利用率和经济效益。

大型精密仪器（单价 10 万元以上）在科研和人才培养方面具有重要作用。为了进一步提高大型精密仪器管理水平，更好地为科研服务，有必要制订其使用管理办法。大型精密仪器设备的管理主要分为计划管理、技术管理、经济管理和使用管理 4 个方面。计划管理主要包括大型精密仪器设备购置计划的制订、论证、审批和实施；技术管理主要包括大型精密仪器设备的安装、调试、验收和索赔，建立操作规程，应用状态监测和故障诊断技术，实施针

对性的维护保养，开发新功能和改造老技术，建立技术档案等；经济管理主要包括大型精密仪器设备的机时定额管理、服务收费管理、利用率考核等；使用管理是指通过建立考核内容与评估指标体系，以及考核工作的实施，使仪器设备管理部门对大型精密仪器的使用管理状况有全面确切的了解，也使大型精密仪器设备的使用管理人员了解各自的工作成绩与不足，以进一步提高大型精密仪器设备的使用管理水平。

5. 精密仪器的维护保养

仪器设备的维护保养是保障仪器设备正常运行的重要措施之一。除仪器使用操作人员参与仪器设备的日常维护保养外，有条件的化验室应配备仪器设备专职维护维修人员，负责仪器设备在运行过程的监督检查、维护维修工作，定期检查仪器设备使用记录，定期对仪器设备进行维护和保养，并定期了解仪器设备运行状态。如果发现问题，及时检查原因、分析问题、维修维护，对于无法自行修复的仪器设备，可选择仪器厂商派人员修复。

码2-3 原子吸收　　　　　码2-4 气相色谱　　　　　码2-5 紫外-可见
光谱仪的日常维护　　　　载气系统的维护　　　　分光光度计的维护

七、玻璃仪器的管理

1. 玻璃仪器的分类

由于玻璃仪器品种繁多，用途广泛，形状各异，而且不同专业领域的分析化验室还要用到一些特殊的专用玻璃仪器，因此，很难将所有玻璃仪器详细进行分类。

按照国际通用的标准，通常是将化验室中所用的玻璃仪器和玻璃制品大致分为以下8类。

① 输送和截留装置类　包括玻璃接头、接口、阀、塞、管、棒等。

② 容器类　如皿、瓶、烧杯、烧瓶、槽、试管等。

③ 基本操作仪器和装置类　如用于吸收、干燥、蒸馏、冷凝、分离、蒸发、萃取、气体发生、色谱、分液、搅拌、破碎、离心、过滤、提纯、燃烧及燃烧分析等的玻璃仪器和装置。

④ 测量器具类　如用于测量流量、密度、压力、温度、表面张力等的测量仪表及量器、滴管、吸液管、注射器等。

⑤ 物理测量仪器类　如用于测试颜色、光密度、电参数、相变、放射性、分子量、黏度、颗粒度等的玻璃仪器。

⑥ 用于化学元素和化合物测定的玻璃仪器类　如用于元素分析，原子团分析，金属元素、卤素和水分等测定的仪器。

⑦ 材料实验仪器类　如用于气氛、爆炸物、气体、金属和矿物、矿物油、建材、水质等测量的仪器。

⑧ 食品、医药、生物分析仪器类　如用于食品分析、血液分析、微生物培养、显微镜附件、血清和疫苗试验、尿化验等的分析仪器。

目前国内一般将化学分析化验室中常用的玻璃仪器按它们的用途和结构特征，分为以下8类。

① 烧器类　指那些能直接或间接地进行加热的玻璃仪器，如烧杯、烧瓶、试管、锥形

瓶、碘量瓶、蒸发器、曲颈甑等。

② 量器类　指用于准确测量或粗略量取液体容积的玻璃仪器，如量杯、量筒、容量瓶、滴定管、移液管等。

③ 瓶类　指用于存放固体或液体化学药品、化学试剂、水样等的容器，如试剂瓶、广口瓶、细口瓶、称量瓶、滴瓶、洗瓶等。

④ 管、棒类　管、棒类玻璃仪器种类繁多，按其用途分为冷凝管、分馏管、离心管、比色管、虹吸管、连接管、调药棒、搅拌棒等。

⑤ 有关气体操作使用的仪器　指用于气体的发生、收集、储存、处理、分析和测量等的玻璃仪器，如气体发生器、洗气瓶、气体干燥瓶、气体的收集和储存装置、气体处理装置和气体的分析及测量装置等。

⑥ 加液器和过滤器类　主要包括各种漏斗及与其配套使用的过滤器具，如漏斗、分液漏斗、布氏漏斗、砂芯漏斗、抽滤瓶等。

⑦ 标准磨口玻璃仪器类　指那些具有磨口和磨塞的单元组合式玻璃仪器。上述各种玻璃仪器根据不同的应用场合，可以具有标准磨口，也可以具有非标准磨口。

⑧ 其他类　指除上述各种玻璃仪器之外的一些玻璃制器皿，如酒精灯、干燥器、结晶皿、表面皿、研钵、玻璃阀等。

2. 玻璃仪器的购置、登记

（1）根据测试项目要求和使用报废情况，玻璃仪器管理员制订采购计划，注明名称、规格、数量、要求等，经质量控制室负责人审核，报质量管理部负责人批准后实施采购。

（2）玻璃仪器入库时按购物清单逐一清点，去包装，验收入库，作好登记、保管工作。

（3）大型玻璃仪器建立账目，每年清查一次，一般低值易耗器皿在实验过程中出现破损、破碎，应进行报损，并及时补充。

3. 玻璃仪器的存放

（1）玻璃仪器使用后应及时清洗、干燥。

（2）所有玻璃仪器应按种类、规格顺序存放，并尽可能倒置，既可自然控干，又能防尘。如烧杯等可直接倒扣于实验柜内，锥形瓶、烧瓶、量筒等可倒插于玻璃器皿柜的孔中。精密的玻璃仪器应加盖存放。

（3）吸量管洗净后置于防尘的盒中或移液管架上。

（4）滴定管用毕，倒去内装溶液，用蒸馏水冲洗之后，注满蒸馏水，上盖玻璃短试管或塑料套管，也可倒置夹于滴定管架上。

（5）成套仪器如索氏提取器、蒸馏水装置、凯氏定氮仪等，用完后立即洗净，成套放在专用的包装盒中保存。

4. 使用玻璃仪器的注意事项

（1）使用时应轻拿轻放。

（2）除试管等少数玻璃仪器外，不得直火加热。烧杯、烧瓶等加热时要垫石棉网。

（3）锥形瓶、平底烧瓶不得用于减压操作。

（4）广口容器（如烧杯）不能存放有机溶剂。

（5）不能用温度计作搅拌棒；温度计用后应缓慢冷却，不可立即用冷水冲洗，以免炸裂。

（6）玻璃容器不能存放如氢氟酸、碱液等对玻璃有腐蚀性的试剂和溶液。

（7）玻璃仪器的洗涤是否符合要求对检验的准确度和精密度均有影响，洗涤时应严格按玻璃仪器洗涤标准操作规程进行操作。

（8）玻璃量器必须经校正后使用，以确保测量的准确性；滴定管、容量瓶、吸量管在洗涤时不宜用硬毛刷或其他粗糙东西擦洗，避免损坏或划伤内壁。

（9）玻璃仪器的干燥可采用晾干、烘干、热风吹干等方法；称量用的称量瓶等在烘干后要放在干燥器中冷却和保存，量器不可放于烘箱中烘干。

（10）带磨口的玻璃仪器

① 容量瓶、比色管等应在使用或清洗前用小细绳或塑料套管把塞子和管口拴好，以免打破塞子或互相弄混。

② 磨口处必须洁净，若粘有固体杂质，则会使磨口对接不严，导致漏气。若固体杂质较硬，还会损坏磨口。同理，不要用去污粉擦洗磨口部位。

③ 一般使用时，磨口无需涂润滑剂，以免沾污产物或反应物；若反应物中有强碱，则应涂润滑剂，以免磨口连接处因碱腐蚀而粘牢，不易拆开。

④ 安装磨口仪器时应特别注意整齐、正确，使磨口连接处很好吻合，否则仪器易破裂。

⑤ 用后立即拆卸洗净，否则放置太久，磨口连接处会粘牢，难于拆开。

⑥ 需长期保存的磨口仪器要在塞间垫一张纸片，以免日久粘住。

⑦ 长期不用的滴定管要除掉凡士林后垫纸，用皮筋拴好活塞保存。

（11）石英玻璃仪器

① 石英玻璃仪器外表上与玻璃仪器相似，无色透明，比玻璃仪器价格贵、更脆、易破碎，使用时须特别小心，通常与玻璃仪器分别存放，妥善保管。

② 石英玻璃不能耐氢氟酸的腐蚀，磷酸在150℃以上也能与其作用，碱溶液包括碱金属碳酸盐也能腐蚀石英，因此，石英玻璃仪器应避免用于上述场合。

③ 石英比色皿测定前可用柔软的棉织物或滤纸吸去光学窗面的液珠，将擦镜纸折叠为四层轻轻擦拭至透明。

④ 比色皿用毕洗净，倒放在铺有滤纸的小磁盘中，晾干后放在比色皿盒中。

（12）微生物检验用器皿

① 微生物检验用器皿必须在每次使用前、使用完毕进行清洁灭菌。

② 洗涤方法同实验用玻璃器皿，量器的清洁规程。

③ 洗净的器皿内外壁不挂水珠，否则应重洗。

④ 洗净的器皿倒置于器皿框内晾干。

⑤ 待器皿晾干后，按"物品灭菌操作管理规程"规定进行操作。

⑥ 灭菌完的器皿，置专用的器皿筐内递入无菌室备用。

⑦ 如洗涤灭菌后的器皿暂时不用，放置超过2天，使用前必须再次灭菌。

⑧ 微生物用的各种样品的抽样器、样品容器用前须经清洁灭菌。

八、计算机系统及管理

1.中小型电子计算机系统

（1）计算机系统的构成　一个可供使用的计算机系统由其中的硬件和软件两大部分构成。硬件是由电子线路、元器件和机械部件等组成的具体装置，包括运算器、控制器、内存储器、外存储器和输入及输出设备等部分。前三部分合在一起称为计算机的主机或中央处理单元，放在主机房；后两部分被称为外部设备，放在控制室内。软件泛指为了使用计算机所必需的各种程序。计算机系统的构成如图2-3所示。

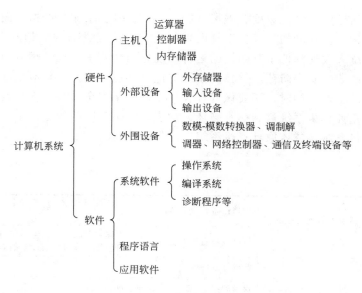

图 2-3　计算机系统构成

（2）计算机系统各构成部分的作用

① 输入设备　利用光电管照在穿孔纸带上，将信息转换成电脉冲输入机器的存储器中，每秒钟可产生上千万甚至上亿个电脉冲。

② 存储器　存储原始数据、中间结果、最终结果和计算程序等，有内、外存储器之分。

③ 控制器　指挥计算机协调工作，按照程序要求使机器各个部分进行连续动作。

④ 运算器　在控制器的指挥下，对内存储器里的数据进行运算、加工和处理等。

⑤ 输出设备　将计算机内的文档、数据、图片等输出并加以显示。

2. 化验室计算机系统的基本功能

化验室计算机系统主要满足化验室管理工作和技术工作的需要，应具备以下基本功能。

① 数据的录入、修改和删除功能。

② 数据的自动检测、运算、统计分析功能。

③ 非数值计算的信息处理功能，统计和检索功能。

④ 打印报表、检测报告和网络传输功能。

⑤ 图形功能和辅助预测决策功能。

3. 化验室计算机系统的基本要求

① 适应化验室各项工作的数据组织和处理要求。

② 满足化验室计算机系统的基本功能。

③ 为用户提供友好操作界面，键盘输入和打印输入灵活方便。

④ 系统运行效率高，有良好的系统扩充能力。

⑤ 具有良好的安全防范能力。

4. 化验室计算机系统的管理

（1）计算机系统硬软件的实物管理　计算机系统硬软件的实物可看成仪器设备或材料，关于仪器设备的计划、技术、经济和日常的管理，可参照本项目任务二至任务五。材料有关方面的管理可参照任务二。

（2）计算机系统运行的环境管理　老的计算机系统对运行环境要求较高，如对计算机房的温度、湿度、洁净度、气流速度、磁场、振动、静电等要求非常严格。而现在的计算机系统虽然从系统的构成上和老的计算机系统区别不大，但从实物结构上却发生了较大的变化。现在的计算机系统大大地降低了其系统的运行环境方面的要求，在管理方面比较容易满足。

（3）计算机系统的安全防范　计算机系统的运行环境方面，主要应做好防火、防噪、防振、防磁等方面的工作。同时，还要做好计算机系统网络安全防范工作，经常升级计算机病毒防范系统，防止计算机系统遭到病毒破坏；加强计算机系统的保密措施，防止他人直接或从网络攻击计算机系统，或盗取计算机系统内的保密资料。

任务小结

管理化验室仪器设备	仪器设备管理的范围和任务	仪器设备管理的范围	低值仪器设备、一般仪器设备、大型精密仪器设备
		仪器设备管理的任务	确保化验室分析检验工作、技术改造工作和新产品试验等工作对仪器设备的需要
	仪器设备计划管理	购置计划的编制	
		设备的申购、选型、论证和审批	
		申购计划的实施	
	仪器设备的日常事务管理	仪器设备账卡建立和定期检查核对	
		仪器设备的保管和使用	
		仪器设备的调拨和报废	
		仪器设备损坏、丢失的赔偿处理	
	仪器设备的技术管理	仪器设备的验收	
		仪器设备的使用	
		仪器设备的维护保养和修理	
		仪器设备性能的技术鉴定和校验	
		仪器设备的淘汰	
	仪器设备的经济管理	经济合理地选购和使用仪器设备	
		提高仪器设备的投资效益	
		提高仪器设备的完好率和利用率	
	精密仪器的管理	精密仪器的概念、分类、使用	
		精密仪器的系统管理	
		精密仪器的维护保养	
	玻璃仪器的管理	玻璃仪器的分类	
		玻璃仪器的购置、登记	
		玻璃仪器的存放	
		使用玻璃仪器的注意事项	
	计算机系统及管理	中小型电子计算机系统	
		化验室计算机系统的基本功能	
		化验室计算机系统的基本要求	
		化验室计算机系统的管理	

任务二　管理化验室材料

任务导入

某大学化学化工实验室，因药物储存柜内的三氯氧磷、氰乙酸乙酯等化学试剂未密封，遇水自燃，引起火灾，整个四层楼全部烧为灰烬，实验室的电脑和资料全部烧毁。火灾面积近790m²。

请思考：三氯氧磷遇水会发生怎样的反应？试剂存放时需要注意什么？

任务目标

知识目标：

1. 掌握化验室材料的分类；
2. 掌握化学试剂、标准物质的分类和管理方法。

能力目标：

1. 能对化验室材料进行有效的管理；
2. 能对化学试剂、标准物质进行正确的分类储存管理；
3. 能够通过具体案例分析化学试剂分类管理的重要性。

思政目标：

1. 树立专业自信、团结协作精神；
2. 树立社会责任感和使命感，坚持认真负责的原则，规范自身行为准则；
3. 培养职业道德意识，渗透绿色环保、可持续发展理念，培养环保素养、安全意识。

一、材料及低值易耗品的管理

化验室检验系统在正常的运行中需要消耗大量的各种材料和低值易耗品（以下简称材料）。材料与仪器设备相比，具有单价低、品种多的特点。但它却和仪器设备一样，都是保证化验室检验系统目标、任务完成的最基本的物质条件。

1. 材料及低值易耗品的分类

凡一次使用后及消耗后不能复原的物资称为材料，如黑色金属、有色金属、稀有金属、煤炭和石油产品、木材、水泥、化工原料及化学试剂药品等均属于不同类型的材料。

不够固定资产标准，又不属于材料范围的用具设备被称为低值易耗品，它实际代表两个概念：一是低值品，如化验室常用的低值仪器、仪表、工具、量具、仪器设备的通用配件或专用配件；二是易耗品，如化验室常用的各种玻璃仪器和器皿（烧器类——烧杯、锥形瓶、碘量瓶、试管、烧瓶等；量器类——量筒、容量瓶、滴定瓶、吸量管等；加液器和过滤器类——漏斗、抽滤瓶、抽气瓶等；容器类——广口瓶、称量瓶、水样瓶等；其他玻璃仪器——干燥器、比色管、洗瓶、吸收管、研钵、搅拌器、标准磨口仪器等）、各种元件、器材（石棉网、试纸、滤纸、擦镜纸等）、易损通用零配件或专用零配件、劳动保护用品等。

2. 材料及低值易耗品的定额管理

材料及低值易耗品的定额管理是一项重要和复杂的管理工作。制订材料定额就是依据化验室的实际管理与分析检验工作，运用数学统计等定量的方法找出其消耗相关器材的规律。它是化验室材料学管理的基础，对化验室材料定额管理和完成化验室的目标任务具有非常重要的作用。

(1) 材料定额管理的基本概念　材料及低值易耗品的定额是指其消耗、供应和储备的标准数量。它是在大量深入细致的工作、各种原始资料、摸索规律和调查研究结果的基础上，通过统计、测定和计算机等定量的方法加以确定的。

材料定额一般分为三种：第一种是材料消耗定额，它是指化验室按规定完成单位工作量所合理消耗材料的标准数量；第二种是材料供应定额，它是指材料消耗定额与附加的非工艺性损耗量（一定条件下，除工艺性消耗外完成单位工作量合理的补贴消耗量）之和；第三种是材料储备定额，它是指为确保化验室工作正常进行所必需的合理的库存材料储备限额。

(2) 材料定额管理的作用　通过制订材料定额，为化验室合理编制材料计划提供重要的依据；增强化验室的节支措施；促进化验室管理水平的提高。

化验室在编制材料计划时，如果没有科学合理的材料定额作为依据，就会因没有标准而使计划和经费分配计划出现较大的偏差。材料太多，出现库存积压，占用资金，造成浪费。材料太少，直接影响化验室的工作，造成化验室目标任务难以完成。同样，在编制经费分配计划时，如果没有科学合理的材料定额作为依据，就可能出现各项经费分配和使用不合理，甚至还会出现互相争经费的情况，这些对化验室的工作都很不利。有了材料定额，就能严格按材料定额领取、发放和使用材料，加强经济核算和技术管理，恰当地控制材料的使用、供应和储备，达到节约支出的目的。材料定额是衡量化验室器材管理水平的基本准则，化验室器材管理水平的高低，其标准之一就是看其是否制订和执行了有关的材料定额。通过材料定额管理，可促进化验室整体管理水平的提高。

(3) 制订材料储备定额应考虑的因素　制订材料储备定额时，应充分考虑材料的消耗量、供货条件和材料储备天数等因素。

材料的消耗量是指其消耗量的大小、全年的消耗量、平均每天的消耗量。供货条件包括市场供应情况、计划调拨期、整批还是分批交货、外埠采购在途天数等。季节性用料或一次性用料，不列入储备定额，单独给予解决。材料储备定额的计算公式如下：

$$材料储备天数＝采购间隔天数＋外埠采购在途天数＋仓库储备天数 \tag{2-1}$$

$$每种材料的储备资金定额＝\frac{每种材料全年耗用量×单价}{360 天}×储备天数 \tag{2-2}$$

$$每类材料的储备资金定额＝\frac{每类材料全年耗用总金额}{360 天}×储备天数 \tag{2-3}$$

3. 材料及低值易耗品的仓库管理

码2-6　低值易耗品
仓库管理（一）
　　
码2-7　低值易耗品
仓库管理（二）

为了使化验室的各项工作不间断地进行，储备若干必需的材料是非常必要的。要储备这些材料，就需要建立存储材料的场所，这就是所谓的仓库。仓库是存储和发放材料的场所，也是供需衔接的窗口。仓库管理工作的效率直接关系到化验室分析检验系统工作的成效，也反映出整个化验室管理工作的水平。

(1) 仓库管理工作的基本要求　仓库管理工作要做到对所存储的材料严格验收、妥善保管、厉行节约、保证安全；健全和执行相关的规章制度；实施岗位责任制，提供规范合格的服务。

严格验收就是指在材料入库验收工作中应严格遵循验收程序和要求，即认真审核各材料的单据并进行单据和材料一一核对，要求单据与材料相符；点验材料质量，要求材料的品种、规格、数量无出入，包装完好。对于化学试剂类，还要求标签完整、字迹清楚、无泄漏及水湿现象，所呈性状与规定相符合。总之，必须坚持以单据为主，以单据逐项核对各材料，保证每样材料过目，做好验收记录，尽快办理入库手续，避免出现差错。

妥善保管就是要根据各类材料不同的性质和储存要求，创造较好的仓储环境；建立和执行材料经常性保管和保养工作规范、材料进出库以及材料报废处理等制度；定期进行库存材料的盘点和核对，及时处理出现的问题。

（2）储备定额的制订　储备定额由经常储备定额和保险储备定额所组成。储备定额的制订方法主要有供应期方法和经济订购批量方法。

经常储备定额是指从上一批材料进库开始，到后一批材料进库之前的储备量，它是储备中的可变部分，又称周转储备。保险储备定额是指在材料供应中，为防止因运输停滞、交货期延误、材料质量不合要求等原因造成材料来源不济而建立的供若干任务需要的储备量，它是储备中的不变部分，又称为固定储备。凡是货源充裕、容易补充、对化验室工作无关紧要和可用代用品解决的材料，不必建立保险储备定额。

仓库储备都是从进货后的最大量到最小量的变化过程，其最高储备量应等于经常储备量加保险储备量。在正常供应条件下，当经常储备量接近用完时，恰好是库存的最低储备量，当有保险储备量时，它接近于保险储备量。若因供应误期，就只好动用保险储备量。实际上，每一种库存材料的数量都是在最高和最低之间变化着。正常情况下，库存储备量等于经常储备量的一半加保险储备量，这时的库存储备量称为平均储备量。

供应期方法是制订储备定额的基本方法，它利用材料及低值易耗品的供应间隔周期和以平均每天需用量为基础，来确定其储备定额。储备定额的计算公式为：

$$M = L_t D \tag{2-4}$$

式中　M——某种材料的储备定额；

L_t——某种材料平均每天需用量；

D——某种材料合理的储备天数。

经济订购批量是指某种材料全年需要的总费用达到最小值时的材料进货量。利用经济订购批量方法制订的储备定额具有最佳的经济效果。使用经济订购批量方法的前提条件是：第一，需求率不变，即需求稳定，订购总是不变；第二，货源充足，不会出现缺货现象；第三，运输方便，可随时送货；第四，仓库存储条件和材料储存寿命不受限制；第五，单价和运输费用固定，不随订货批量的大小而变化。

经济订购批量的总费用由三部分组成：第一，材料总价，由材料及低值易耗品的单价和订购数量所决定；第二，保管总费用（或称储存总费用），由材料及低值易耗品占用资金利息、维护保管费、仓库管理费、库内搬运费和储存损耗费等构成；第三，订购总费用，由运杂费（包括进货时的运费、装卸费、途耗费、检验费等）和订购费（包括与订购有关的业务手续费、差旅费、行政费等）所构成。

（3）ABC分析法在材料定额管理中的应用　对化验室所需要的各种材料，按其价值高低、用量大小、重要程度和采购难易分为A、B、C三类，对占用储备资金多、采购较难且重要的材料定为A类材料，在订购批量和存储管理等方面实行重点控制；对占用资金少、采购容易、比较次要的材料定为C类材料，采用较为简单的方法加以控制；对处于上述两类之间的材料定为 B 类材料，采用通常的方法进行管理和采购。

一般来说，A 类材料的品种占总数的 15％左右，价值达总价值的 80％左右；B 类材料的品种占总数的 25％左右，价值达总价值的 15％左右；C 类材料的品种占总数的 60％左右，价值只占总价值的 5％左右。

二、化学试剂的管理

1. 化学试剂的概念

化学试剂是与实验有关的化学药品，是化验室检验系统经常性消耗而且使用量较大的材料。

现代化学试剂不同于经典化学试剂。经典化学试剂系指那些在化学化验室使用的各种标准纯度的纯化学物质。随着科学技术飞速发展，化学试剂的范围已大大突破了经典定义。目前广泛使用的除金属、非金属、有机化合物的定性及定量与分离传统品种外，还有合成的各种反应性试剂。在新药研制、鉴定、光纤、电子、核工业、生化、生命遗传工程等方面均需要多种高纯试剂、特殊生化试剂。药检、制药系统也是日新月异，飞速发展。化学试剂的概念也在不断变化。

化学试剂的种类繁多，应用面广，质量要求严格，用量少。

2. 化学试剂的分类

化学试剂的分类方法很多，在不同的分类方法中，使用较多的是按用途和化学组成的分类方法。这种分类方法是将化学试剂先分成大类，在每一大类中又分为若干小类，也有按化学试剂的纯度进行分类的方法。

① 按用途和化学组成的分类情况见表 2-1。

② 按化学试剂的纯度进行分类　我国将化学试剂共分为七种，分别为：高纯（又称超纯或特纯）、光谱纯、分光纯、基准纯、优级纯、分析纯、化学纯。高纯试剂纯度要求在 99.99％以上，杂质总含量低于 0.01％。优级纯、分析纯、化学纯试剂统称为通用化学试剂。

国际纯粹与应用化学联合会（IUPAC）将作为标准物质的化学试剂，按纯度分为 5 级：

① A 级　原子量标准物质。

② B 级　和 A 级最接近的标准物质。

③ C 级　$w=(100+0.02)\%$ 的标准试剂。

④ D 级　$w=(100+0.05)\%$ 的标准试剂。

⑤ E 级　以 C 级或 D 级试剂为标准进行对比测定所得纯度相当于 C 级或 D 级，但实际纯度低于 C、D 级的试剂。

按照这种纯度等级分类，表 2-1 中的一级、二级基准试剂，仅相当于 C 级和 D 级纯度的试剂。

表 2-1　化学试剂的分类

类别	用途及分类	示例	备注
无机分析试剂	用于化学分析的一般无机化学试剂	金属单质、氧化物、酸、碱、盐	纯度一般大于99％
有机分析试剂	用于化学分析的一般有机试剂	烃、醛、醇、醚、酸、酯及其衍生物	纯度较高、杂质较少
特效试剂	在无机分析中用于测定、分离或富集元素时的一些专用有机试剂	沉淀剂、萃取剂、显色剂、螯合剂、指示剂	

续表

类别	用途及分类	示例	备注
基准试剂	用于标定标准溶液的浓度。分为：容量工作基准试剂；pH 工作基准试剂；热值测定用基准试剂	基准试剂，即化学试剂中的标准物质 一级有 15 种 二级有 7 种	一级纯度：99.98%～100.02% 二级纯度：99.95%～100.05%
标准物质	用作化学分析或仪器分析的对比标准，或用于仪器校准。分为：一级标准物质（GBW）、二级标准物质[GBW（E）]	纯净的或混合的气体、液体或固体	我国自己生产的由原国家技术监督局公布的（1993 年）一级标准物质 683 种，二级标准物质 432 种
仪器分析试剂	原子吸收光谱标准品、色谱试剂（固定液、固定相填料）标准品、电子显微镜用试剂、核磁共振用试剂、极谱用试剂、光谱纯试剂、分光纯试剂、闪烁试剂		
指示剂	用于容量分析滴定终点的指示、检验气体或溶液中某些物质。分为：酸碱指示剂、氧化还原指示剂、吸附指示剂、金属指示剂		
生化试剂	用于生命科学研究。分为：生化试剂、生物染色剂、生物缓冲物质、分离工具试剂等	生物碱、氨基酸、核苷酸、抗生素、酶、培养基	也包括临床诊断和医学研究用试剂
高纯试剂	纯度在 99.99% 以上，杂质控制在 10^{-6} 级或更低		
液晶试剂	在一定温度范围内具有流动性和表面张力，并具有各向异性的有机化合物		

（1）通用化学试剂　国家标准 GB 15346—2012《化学试剂　包装及标志》把优级纯、分析纯、化学纯试剂统称为通用试剂。此外，还有基准试剂、生化试剂和生物染色剂等门类。

化学试剂产品，按 GB 15346—2012 的规定，都必须在其包装标签上标明产品的标准号。按照《中华人民共和国标准化法》规定，标准分强制性和推荐性两种。对于化学试剂的标准，除基准试剂及其标志的标准为强制性标准外，其余的均属于推荐性标准，应在标准号中加字母 T，例如 GB/T、HG/T 等。

GB 15346—2012 将化学试剂分为不同门类、质量级别，并规定了它们的代号和标签颜色及包装单位，见表 2-2 和表 2-3。我国和其他国家的化学试剂在规格、标志等方面有所不同，对照情况见表 2-4。

表 2-2　化学试剂的门类

门类	质量级别 （中文标志）	代号 （沿用）	标签颜色[①]	备注
通用试剂	优级纯	G. R.	深绿色	主体成分含量高，杂质含量低，主要用于精密的分析研究和测试工作
	分析纯	A. R.	金光红色	主体成分含量略低于优级纯，杂质含量略高，用于一般的分析研究和重要的测试工作
	化学纯	C. P.	中蓝色	品质略低于分析纯，但高于实验试剂（L. R.），用于工厂、教学的一般分析和实验条件

续表

门类	质量级别 （中文标志）	代号 （沿用）	标签颜色①	备注
基准试剂			深绿色	用于标定容量分析标准溶液及 pH 计定位的标准物质，纯度高于优级纯，检测的杂质项目多，但总含量低
生物染色剂			玫瑰红色	用于生物切片、细胞等的染色，以便显微观测

① 其他类别的试剂均不得使用上述的颜色标志。

表 2-3　化学试剂的包装单位

类别	固体产品包装单位（m）/g	液体产品包装单位（V）/mL
1	0.1、0.25、0.5、1.0	0.5、1.0
2	5、10、25	5、10、20、25
3	50、100	50、100
4	250、500	250、500
5	1000、2500、5000	1000、2500、3000、5000

表 2-4　各国化学试剂规格、标志对照

国家或厂牌	I	II	III
GB 15346—2012（中国国家标准）	G. R.（优级纯）	A. R.（分析纯）	C. P.（化学纯）
E. Merck（德国伊默克厂）	G. R.（保证试剂）	LAB.（实验用） ORG.（有机试剂）	E. P.（特纯） PURE（纯）
Drtheodor Schugharat（德国狄奥多·叔查特公司）	A. R.（分析试剂）	REINST（特纯） C. P.（化学纯）	REIN（纯） L. R.（实验试剂）
Riedel Dehaen（AG）（德国尹地亨公司）	P. A.（分析试剂）	PURE	
British Drug House（英国不列颠药品公司）	A. R. S. T. R.（点滴试剂）		LRLC（实验试剂）
Hopkin & Williams（英荷普金·华列母公司）	A. R.		C. P. R.（一般试剂） PURE
Light（英国赖埃特厂）	C. R. A. R.	C. P.	PURE L. R.
Judex（英国犹狄克斯厂）	A. R.	C. P.	PURE. E. P. PURIFIED（纯净的）
Japan（日本）	特级 G. R. A. R.	一级	E. P　PURE J. P.（日本药局方）
Fluka（瑞士费鲁卡厂）	PURISS-PA（分析纯）	PURISS（高纯）	PRACT（实验纯） PURE PURUM（纯）
USA（美国）	A. R. ACS（美国化学学会）	C. P.	
Carld Bebr（意大利卡罗·伊巴公司）	R. P.（分析试剂） R. S.（特殊试剂）	LAB	R（纯）
Hungary（匈牙利）	G. R. P. A.	P. S. S.（纯标准物质）	E. P.

（2）标准物质　标准物质的定义为：具有一种或多种足够均匀和很好地确定了特性值，用以校准设备、评价测量方法或给材料赋值的材料或物质。标准物质是一种计量标准，都附有标准物质证书，规定了对其一种或多种特性值可溯源的确定程序，对每个标准值都有给定

置信水平的不确定度。标准物质在有效使用期内的特性量值可靠。标准物质种类很多，涉及面也很广。我国把标准物质分为两个级别，分别为：一级标准物质，代号为 GBW，是指采用绝对测量方法或其他准确、可靠的方法测量其特性值，测量准确度达到国内最高水平的有证标准物质，主要用于研究与评价标准方法，对二级标准物质定值。二级标准物质，代号为 GBW（E），是指采用准确可靠的方法或直接与一级标准物质相比较的方法定值的物质，也称工作标准物质，主要用于评价分析方法以及统一化验室或不同化验室间的质量保证。按照鉴定特性对标准物质进行分类，可分为 3 类，即化学成分标准物质、物理和物理化学特性标准物质、工程技术特性标准物质。我国参照国际常用的分类方法，对标准物质进行分类，见表 2-5。

表 2-5　标准物质的分类

标准物质名称①	级别（品种数）②	示例
钢铁成分分析	一(147) 二(9)	生铁、铸铁、碳素钢、低合金钢、工具钢、不锈钢、中低合金钢等
有色金属及金属中气体分析	一(96)	铁黄铜、铝黄、锌白铜、精铝、合金中气体
建材成分分析	一(26) 二(2)	黏土、石灰岩、石膏、硅质砂岩、钠钙硅玻璃、高岭土、长石
核材料分析与放射性测量	一(92) 二(7)	铀矿石、产铀岩石、八氧化铀、六氟化铀、放射源、氢同位素水样
化工产品成分分析	一(16) 二(66)	基准化学试剂、苯、六六六、DDT、农药、纯化学试剂、空气中气体成分
地质矿产成分分析	一(143) 二(23)	岩石、磷矿石、铜矿石、矿石中金银土壤、水系沉积物、土壤成分
环境化学分析	一(81) 二(202)	气体、河流沉淀物、污染农田土壤、水、面粉成分、水中各种离子标准溶液
临床化学及药品成分分析	一(15) 二(16)	人发、冻干人尿、牛尿、血清、化妆品、胆红素、氰化铁（Ⅲ）、血红蛋白、牛血清
煤炭、石油成分分析和物理性质测量	一(14)	煤物理性质和化学成分、冶金、焦炭
物理和物理化学特性测量	一(53) 二(104)	酸度、电导率、燃烧热、滤光片、黏度
工程技术特性测量	二(9)	渗透率、颗粒度、浊度、辛烷值

① 标准物质的全名为本栏名称后加"标准物质"四字。
② 括号中的数字为我国 1993 年公布的标准物质品种数，总计一级为 683 种，二级为 432 种。

（3）危险性化学试剂　危险性化学试剂具有燃烧、爆炸、毒害、腐蚀或放射性等危险性质。在受到摩擦、震动、撞击、接触火源、遇水或受潮、强光照射、高温、跟其他物质接触等外界因素影响时，能引起强烈的燃烧、爆炸、中毒、灼伤、致命等灾害性事故。

（4）化学试剂溶液　分析检验工作中常用到各种各样的化学试剂溶液，如常用的酸、碱、盐溶液；标准溶液，包括滴定用标准溶液、杂质标准溶液、pH 标准溶液；指示剂溶液、缓冲溶液、特殊试剂盒制剂溶液等。由于化学试剂的性质不同，对溶液组成标度的准确度要求不同，所用溶剂不同，所以配制方法、操作要求也各不相同。有关滴定分析用标准溶液、杂质测定用标准溶液等的配制和标定，应按 GB 601、GB 602 及 GB 603 标准规定进行。

（5）其他化学品　这里所述的其他化学品主要包括化验室用清洗剂、浴油类和其他化学材料。

清洗剂包括酸性化学洗液、碱性化学洗液和其他化学洗液。下面介绍几种常用的酸性化学洗液。

① 铬酸洗液

a. 配制方法　将 20g 的 $K_2Cr_2O_7$ 溶于 40mL 水中，将浓 H_2SO_4 360mL 徐徐加入 $K_2Cr_2O_7$ 溶液中（千万不能将水或溶液加入浓 H_2SO_4 中），边倒边用玻璃棒搅拌，并注意不要溅出，混合均匀，冷却后，装入洗液瓶备用。新配制的洗液为红褐色，氧化能力很强，当洗液用久后变为黑绿色，即说明洗液已无氧化洗涤力。

b. 注意事项　这种洗液在使用时要切记注意不能溅到身上，以防"烧"破衣服和损伤皮肤。洗液倒入要洗的仪器中，应使仪器周壁全浸洗后稍停一会再倒回洗液瓶。第一次用少量水冲洗刚浸洗过的仪器后，废水不要倒在水池里和下水道里，长久倒入会腐蚀水池和下水道，应倒在废液缸中。如果无废液缸，倒入水池时要边倒边用大量的水冲洗。

② 工业盐酸　工业盐酸具有强腐蚀性。

③ 稀释酸洗液　1+1（或1+2）的盐酸或硝酸，具有强腐蚀性。

④ 硝酸-氢氟酸洗液　1+2+7 氢氟酸-硝酸水溶液，为特殊用途洗液，具有强腐蚀性和氧化性。

⑤ 酸性硫酸亚铁洗液　含少量硫酸亚铁的稀硫酸，具有强腐蚀性，用于清洗高锰酸钾污迹。

⑥ 草酸洗液　100g/L 草酸溶液为弱酸性溶液，用于清洗高锰酸钾污迹。

碱性化学洗液有：

① 氢氧化钠洗液　100g/L 氢氧化钠水溶液，具有强腐蚀性。

② 氢氧化钠-乙醇洗液　120g/L 氢氧化钠溶解于 1L 70％乙醇中，具有强腐蚀性。

③ 碱性高锰酸钾洗液　40g 高锰酸钾与 100g 氢氧化钠混合并加水至1L，具有强腐蚀性和强氧化性。

其他化学洗液有：

① 碘-碘化钾洗液　10g 碘与 20g 碘化钾加水至 1L，用于清洗硝酸银污迹。

② 硫代硫酸钠洗液　100g/L 硫代硫酸钠溶液，用于清洗碘污迹。

③ 有机溶剂　汽油、二甲苯、乙醚、丙酮等，用于清洗有机物，具有燃烧性。

④ 普通清洗剂　包括各种固体（粉状）或液体洗涤剂，常用于较清洁的仪器洗涤。

浴油是用于均匀传递热量的物质，要求具有较高的传热能力和热稳定性。化验室常用的浴油有甘油、石蜡、润滑油。

其他化学材料，如塑料制品主要有聚氯乙烯、聚乙烯、聚丙烯、聚四氟乙烯、聚甲基丙烯酸酯（有机玻璃）等，具有良好的耐腐蚀性能、电绝缘性能，但耐热及机械强度较差，一般用于制作仪器护罩、支架、容器等。橡胶制品具有良好的弹性、耐腐蚀性，一般作防振材料、防腐蚀垫板、软管、手套及机械传动胶带。化学纤维制品具有耐腐蚀、耐磨损等特性，用作防护网、罩或某些试验材料。

3. 通用化学试剂的管理

化验室试剂管理的首要工作是购置，所以化验室首先应该有一套完整的申购、审批、采购、验收、入库、领用制度。要特别注意，采购时要到有正规进货渠道的正规试剂店购买按照国家标准和行业标准生产的试剂。试剂标签上应注有名称（包括俗名）、类别、产品标准、含量、规格、生产厂家、出厂批号（或生产日期），有的试剂还应标明保质期。

对有经验的化验人员来说，观察试剂标签是判断试剂真伪的重要手段，可以避免买到伪劣试剂而影响化验。验收、入库工作也是一个认真、细致的工作，由于化学试剂种类繁多，同一种化学试剂还有优级纯、分析纯、光谱纯、化学纯等不同的规格，使得它们的含量、价格、用途都不相同，因而要注意验收、登记和分类存放。

化学试剂的保管是化验室人员的日常工作，需要管理人员有较丰富的化学试剂知识。一般的化学试剂按照单质、无机物、有机物、指示剂等分别存放。如：无机试剂可按酸、碱、盐、氧化物、单质等分类；盐类可按阳离子分类，如钾盐、钠盐、铵盐、钙盐、镁盐等；有机试剂一般按官能团分类，如烃、醇、酸、酯等；指示剂可按用途分类，如酸碱指示剂、氧化还原指示剂和配位滴定的金属指示剂等；专用有机试剂可按测定对象分类。化验室自己配制的试剂溶液都应根据试剂的性质及用量盛装于有塞的试剂瓶中，见光易分解的试剂装入棕色瓶中，需滴加的试剂及指示剂装入瓶中，整齐排列于试剂架上。排列的方法可以按各分析项目所需试剂配套排列，指示剂可排列在小阶梯式的试剂架上。

化学试剂溶液要装在细口瓶中，滴加使用的溶液应装在滴瓶中，见光易分解的试剂应装在棕色瓶中，所有化学试剂在存放过程中都应避免受热和强光照射。

所有试剂、溶液以及样品的盛装容器上都必须贴上标签，标签的大小与容器相称，标签书写要工整、完整和清晰；试剂最好使用原标签，配制的溶液、制剂包装上的标签，应写明名称、法定计量单位浓度、配制日期；样品包装标签上要有样品名称、采样日期、代检项目、送样单位、送样人、接样人等；长期使用的试剂、溶液以及样品的盛装容器上的标签，可涂蜡保护，以防腐蚀、磨损。

化学试剂溶液只能在其有效期内使用，如 GB 601 规定，一般滴定分析用标准溶液在常温（15～25℃）下，使用期限不宜超过两个月，即使用期限超过两个月后浓度需重新标定。

一般试剂溶液可按一般分类和浓度大小顺序排列存放，专用试剂溶液可按分析项目分组存放，便于取用。

对于一些不常用的试剂，管理人员要定时检查，以保证试剂包装完好、标签完整、字迹清楚。固体试剂应无吸湿、潮解现象，液体试剂应无沉淀物，否则，就应检查试剂的密封情况。某些试剂要进行特别认真的检查，如钾、钠表面的油封，白磷、水银表面的水封是否符合要求，以免发生危险。

化学试剂的质量是直接影响实验质量的因素之一，管理人员应有一定的试剂质量判断知识。一般开封后的剩余试剂较易变质，包括：

（1）试剂形状、状态的改变，如氢氧化钠由晶体变成粉末状。

（2）试剂体积的改变，具有挥发与升华性质的试剂，如瓶子内装的碘试剂变少，并且瓶子变色、不透明。

（3）颜色的改变，如：长期存放的试纸变色；二氯化汞（$HgCl_2$）、硝酸银（$AgNO_3$）溶液出现沉淀；二氯化锡（$SnCl_2$）溶液出现白色沉淀；硫酸亚铁（$FeSO_4$）溶液变成棕色等。

试剂出现以上现象，都可以判断试剂已有挥发或已变质。

试剂变质的原因有很多，不同的试剂有不同的变质原因，不能一概而论。试剂的密封变差、光照、受潮、升温等都可能使试剂变质。有些试剂尽管密封较好，也容易挥发和变质（如乙醚、二硫化碳、四氢呋喃、异丙醚等），这些试剂的标签上都应标有生产日期和保质期，管理人员要定期检查。化学试剂中所用的指示剂种类繁多，一般固体指示剂（除了试纸外）长期存放也不易变质。另外，有的配合物指示剂所配成的溶液长期存放后会发生聚合反应或氧化反应，一般现象是产生浑浊或絮状沉淀，难以敏锐地指示滴定终点。指示剂使用次数多，但每次的用量都极少，总用量也少，应尽量少购、少储、少配制。

4. 标准物质的管理

化验室对标准物质统一、细化、规范管理，目的是尽可能减少和降低由于标准物质状态失效而产生的风险，及时发现测量设备和标准物质出现的量值失准，确保标准物质在使用和存储过程的溯源性，防止在存储和处置过程中的环境污染或损坏，以保证其完整性和校准状态的置信度，有效维护化验室等的利益，更好地使检测数据准确可靠。

（1）建立规范各类台账记录

① 化验室的标准物质应建立标准物质台账并及时更新，应包括标准物质名称、编号、批号、浓度及不确定度、定值日期及有效期、定值单位、入账日期。标准物质应有标准物质证书，可溯源到登记表上登记，由管理人员确认，并可溯源到国家基准或参考基准。

② 做好标准物质的领用记录　领用记录包括领用日期、领取数量、剩余数量、领用人、发放人。岗位人员无论何时领用标准物质，都应在标准物质发放登记表上登记，由管理人员确认。

③ 标准物质溯源记录　溯源记录包括适用的检测项目、标准物质状态、样品来源、能否溯源国家基准或参考基准。

④ 标准物质使用记录　岗位人员在使用标准物质时，应及时在标准物质使用记录表上登记，包括使用时间、使用人员、有效时间、样品编号等。

⑤ 标准物质销毁记录　标准物质应在规定的使用期限内使用，超过期限的做废弃处理，并填写"标准物质销毁登记表"。废弃处理的标准物质不得污染环境，对环境有严重危害的物质应采取相应的安全处置方式。销毁记录包括销毁标准物质名称、销毁数量、销毁方式、批准人等。

⑥ 建立标准物质档案　将标准物质按检测项目分类建立档案，包括上述各类记录使用后统一归类存档。

（2）定期核查标准物质参数　核查的参数包括种类、级别、介质、浓度（含量）、有效期、批号、环境条件、储存方法、账物相符等。

① 定期检查化验室各检测项目所对应的标准物质是否相符，对新增检测项目所对应的标准物质应及时纳入规范管理。

② 化学分析化验室常用的标准物质有国家一级标准物质、国家二级标准物质，根据检测方法或有关规定对标准物质准确度的要求，选择合适的标准物质级别，在满足工作的前提下，最大限度降低成本。

③ 存放环境条件和有效性：按标准物质证书上规定的环境条件、储存方法进行存放，及时检查是否过期。标准物质的储存环境应保证其特性完整不变。

④ 标准物质所用介质和浓度是否满足检测方法对介质的要求：浓度是否合适，所用的介质对分析是否有影响。

（3）期间核查　对标准物质定期进行期间核查，先要制订期间核查计划，编写核查规程，根据其对检测结果影响的程度确定核查的频度。

① 经常使用的、有效期较短的、对检测结果影响较大的标准物质，核查周期缩短，如果对分析结果存疑，可追溯上次核查的数据及结论。如绘制标准曲线工作系列用标准物质，

校核工作曲线用标准物质，对仪器进行校核和定位用标准物质。

② 不常使用的标准物质，可以在每次分析检测前进行核查。

③ 化学性能稳定性较好，还未开封的标准物质，原则上延长核查周期。

④ 对已开封的标准物质，包括液体、固体、气体的标准物质，根据化验室自身的条件，选择简便易行、经济合理的核查方法，送有资格的检测机构测试标准样品，检测有足够稳定度的不确定度与被核查对象相近的化验室质量控制样品。

⑤ 进行化验室内比对：不同制造商的同一标准物质相互比对，同一制造商的不同批号标准物质相互比对，用一级标准物质对二级标准物质进行核查。

⑥ 核查结果的判定：检测方法对标准物质的要求是否满足，质量保证的有关要求是否满足，核查方法、标准物质参数、标准物质的种类及要求是否满足。

⑦ 标准物质期间核查是有计划的质量活动，核查结果应形成核查报告，经评审提出是否继续使用和使用范围的建议，并报化验室管理层审核。

5. 危险化学试剂的管理

在化学化验室工作中，要接触各种化学试剂、试样及化学反应过程所产生的气体、挥发物、烟雾等，这些物质中有的对人体有毒害作用，有的有强腐蚀性，有的具有易燃易爆性。

化学化验室用到的危险试剂主要包括剧毒品、强腐蚀品和易燃易爆品三大类，下面就危险试剂的分类和管理进行分别阐述。

（1）剧毒品　化验室用到的剧毒品有：汞盐、铬盐、铅盐、砷化合物、亚硝酸盐化合物、多环芳香烃及其衍生物、含氯含磷有机物等。由于种类繁多，中毒类型极为复杂，在此就不一一叙述。有毒物质（特别是剧毒品）按照规定应该分柜存放、严格管理、定期清查盘点、严禁外流，用后剩余的，不论是固体还是液体，都要及时交回存放。

其中某些剧毒物质，如配位滴定中使用的氰化物，应按规定严格执行"五双制度"，即双人保管、双人收发、双人领用、双本账、双锁管理。

放有毒物质的试剂室应通风良好，防止挥发和分解出的毒气在室内积聚；盛放有毒物质的试剂瓶要密封良好，移动时轻拿轻放，以杜绝人与有毒物质的接触。

（2）强腐蚀品　化验室用到的强腐蚀品主要有浓硫酸、氢氟酸、液氯、液溴等物质。这类物质搬运时应轻拿轻放，严禁撞击、摔碰和强烈震动，严禁肩扛背负。

强腐蚀品一定要放置在牢固的试剂柜内，不要放在顶层或内层等取用困难的位置。和其他危险品一样，强腐蚀品也要确保安全管理、安全取用及杜绝外流。

（3）易燃易爆品　化验室用到的易燃易爆品种类繁多，气态的有氢气、煤气、液化气、氧气等。许多易燃液体闪点低、易着火、挥发性大、黏度小、密度低、易扩散，它们作为有机溶剂使用时，其蒸气与空气混合到一定比例时可形成气态爆炸物，这种混合气遇到明火、静电或电火花时，可导致爆炸。因此，化验室常把易燃液体作为防火防爆的防范重点。

化验室用到的石油醚、汽油等是最易燃的液体，这些物质与一些强氧化剂（如硝酸盐、高锰酸钾、氯酸钾等）接触，遇有摩擦、碰撞等就能爆炸，一定要注意防范。

固体易燃物包括白磷、钾、钠、镁、铝粉、硫黄，以及众多的无机、有机类化合物。其中，有些物质具有自燃性，许多物质对热、摩擦、碰撞极为敏感，大多数易燃物的燃烧释放气体有毒。

化验室管理人员要熟悉这类试剂的性质和购置、使用、保管知识，做好安全消防准备工作，常抓不懈，提高警惕，杜绝产生重大事故的隐患。

易燃品存放在防火库内底下、不易碰撞的地方，库内应配备相应的灭火和自动报警装置。易爆品存储温度一般在30℃以下，并配有良好的通风设施，移动时轻拿轻放。

化验室的危险品还包括放射性试剂和某些生化类试剂，由于一般化验室不多使用，在此不一一叙述。

化学试剂管理是一门专业且复杂的学科，其购置、搬运、保存、领用等环节都应由有专业知识的人员管理或现场指导，保存危险品的试剂室应有明确的警示牌且严禁无关人员进入，以确保化验室的安全。一般应注意的事项有：

① 若不事先充分了解所使用物质的性状，特别是着火、爆炸及中毒的危险性，不得使用危险物质。

② 通常，危险物质要避免阳光照射，把它储藏于阴凉的地方，注意不要混入异物，并且必须与火源或热源隔开。

③ 储藏大量危险物质时，必须按照有关法令的规定，分类保存于储藏库内，并且有毒物质及剧毒物质需放于专用药品架上保管。

④ 使用危险物质时，要尽可能少量使用，并且对于不了解的物质，必须进行预备实验。

⑤ 在使用危险物质之前，必须预先考虑到发生灾害事故时的防护手段，并做好周密的准备。对有火灾或爆炸危险的实验，要准备好防护面具、耐热防护衣及灭火器材等；而有中毒危险时，则要准备橡皮手套、防毒面具及防毒衣之类用具。

⑥ 处理有毒药品及含有毒物的废弃物时，必须考虑避免污染水质和大气。

⑦ 特别是当危险药品丢失或被盗时，由于有发生事故的危险，必须及时报告上级主管部门。

6. 化学试剂溶液的管理

① 化学试剂应放在牢固的储物架上，以确保安全。

② 化学试剂溶液的放置应排列有序，可方便地取用。

③ 化学试剂溶液应避免受热和避免强光，见光容易分解的试剂应盛装在棕色瓶中，最好能加遮光罩。

④ 化学试剂储存时，应注意避免环境因素影响。

⑤ 所有化学试剂溶液均要粘贴标签，标明试剂溶液的名称、浓度、配制时间等。

⑥ 化学试剂溶液浓度应按法定计量单位要求标注。

⑦ 所有标准溶液均应按照现行国家标准方法制备。滴定分析用标准溶液、杂质测定用标准溶液和实验方法中所用制剂及制品，必须按照GB 601、GB 602、GB 603等标准规定的方法配制和标定。凡标准中规定用"标定"和"比较"两种方法测定浓度的标准溶液，不得略掉其中任何一种，并且用两种方法测得的浓度值之差不得大于0.2%，以标准为准。

⑧ 标准溶液必须由标定（或配制）人员签署，标准溶液应在标签上标明标定时间、室温、有效期（或复核周期）。

⑨ 所有化学试剂溶液必须在有效期内使用。

⑩ 变质的化学试剂溶液要及时处理。

⑪ 从溶液储存器中取出的标准溶液不得倒回原储存器中。

⑫ 贵重或有毒害的化学试剂溶液应回收，并集中处理。

任务小结

管理化验室材料	材料及低值易耗品的管理	材料及低值易耗品的分类	材料：凡一次使用后及消耗后不能复原的物质。 低值易耗品：不够固定资产标准，又不属于材料范围的用具设备
		材料及低值易耗品的定额管理	材料定额管理的概念：材料消耗定额、材料供应定额、材料储备定额
			材料定额管理的作用：为化验室合理地编制材料计划和经费分配计划提供重要依据；增强化验室的节支措施；促进化验室管理水平的提高
			制订材料储备定额应考虑的因素：材料的消耗量、供货条件、材料储备天数等
		材料及低值易耗品的仓库管理	仓库管理工作的基本要求：严格验收、妥善保管、厉行节制、保证安全；健全和执行相关的规章制度；实施岗位责任制，提供规范合格的服务
			储备定额的制订
			ABC 分析法在材料定额管理中的应用
	化学试剂的管理	化学试剂的概念、分类	
		通用化学试剂的管理	
		标准物质的管理	
		危险化学试剂的管理	
		化学试剂溶液的管理	

任务三　管理化验室的环境条件与安全

任务导入

　　某分析检验人员骑电动车上班，到达上班地点后发现电动车的电不够支撑到下班回家，在外面没找到合适的地点充电，遂将电动车开到一楼分析检验室内的实验台间充电。

　　请思考：该检验人员的行为正确与否？

任务目标

知识目标：

1. 了解化验室环境和安全管理的意义；

2. 掌握化验室质量工作区域的控制方法；

3. 掌握化验室"三废"处理的方法；

4. 了解化验室潜藏的危险因素；

5. 掌握化验室的安全守则，了解安全守则的意义；

6. 掌握进行化验室活动时必要的防火、防爆知识。

能力目标：

1. 能对化验室质量工作区域进行有效管控；

2. 能对实验室的"三废"进行处理；

3. 能识别化验室的危险因素；

4.建立安全防范意识，规范个人在化验室的行为，养成良好的化验室工作习惯；

5.能辨识化验室中的危险化学品。

思政目标：

1.树立专业自信、团结协作精神；

2.培养工匠精神；

3.培养质量工作区域的绿色环保、自我保护意识；

4.培养安全第一、预防为主的安全意识。

一、化验室的环境

为了保证检验结果的准确率和有效性，化验室必须具备与检验任务相适应的工作环境，并在必要时配置环境监控设施，对可能影响检验工作的环境因素进行有效的监控。

（一）化验室环境的管理

1.化验室的位置

化验室的位置应远离生产车间、锅炉房和交通要道等地方，防止粉尘、振动、噪声、烟雾、电磁辐射等环境因素对分析检验工作的影响和干扰。此外，化验室应与办公场所分离，以防对检验工作质量产生不利影响。对于生产控制的化验室，可设在生产车间附近，以方便取样和报送分析结果。

2.化验室的环境

化验室应根据其工作的具体要求配备必要的通风、照明和能源等设备，其建筑结构、面积、排水、温湿度等应满足检验工作的要求。对于特殊工作区域的各种辅助设施和环境要求，要按其特殊规定的要求配置设施，必要时应经过验证。此外，为保证检验工作的正常开展，各部门应配备足够和适用的办公、通信及其他服务性设施，并按有关规定加强管理。

3.化验室的人员

为了确保检验质量，在保证化验室必备的环境条件下，还必须保证化验室人员具有较高的文化素质及高度的事业责任心，这对于准确度要求较高的化验室来讲绝对不可忽视。因此，检验人员进入化验室，必须更换工作服，工作时应严格遵守岗位制度及操作规程。化验室应始终保持良好的卫生环境，物品放置到规定位置，与检验无关的物品不准带入化验室，室内不准进行与检验无关的活动。

（二）维持与控制

优良的化验室设施和环境（客观环境和人员表现行为）是保证检验工作顺利完成的基本条件。维持与控制是有效完成检验过程不可缺少的两个重要环节。

1.维持

维持的主要作用是使与检验工作相关的各种因素（例如环境条件、设备性能、人员状况等）始终保持一个优良的状态，它具有经验性的特征。

一个化验室各种设施的完好性和环境条件的符合性来自日常维护与管理。因此，检验人员应经常对其使用的实验设施进行维护和检修，对其环境条件进行监测及控制，使其设施处在完好状态，使其环境条件符合检验工作条件的要求。在这一状态下，检验人员能够很好地完成检验工作。相反，若在检验工作中，环境条件发生变化、仪器设备不稳定，这些因素的变化都给检验工作的最终结论带来误差，将造成测试结果的可信度降低。

2. 控制

控制的主要作用是在依据标准的前提下，通过监督与纠偏的方法有效地完成检验工作的过程，它具有监管性的特征。

对于检验工作，控制可以通过两种渠道达到目的。其一是在检验过程中，若环境条件对测试结果和设备精度有影响，应按影响程度采取不同的监控措施，必要时配备相应的监控与记录设备，即设施监控。其二是质量监督人员在履行监督职责时，发现检验过程中环境条件或辅助设施不符合要求，应提出纠正和整改意见，必要时责成检验人员终止检验，对此间出具的检验数据的有效性应做分析和判断处理，即人员监控。

综上所述，通过控制可以发现测试过程中存在的问题和偏差，并能够及时地采取纠正措施，杜绝和避免事故发生，保质保量地完成检验工作。

（三）质量工作区域的控制

所谓的质量工作区域，是指完成组织质量目标而实施作业的场所。由于这些场所的工作性质直接与质量目标有着密切的联系，因此为满足质量要求，需要对这些场所进行控制。

对质量工作区域实施控制有两个目的：一是确保分析检验结论的准确率和有效性，防止其他外来因素带来的不利影响；二是对于特殊目的的研究、开发最新成果或化验室的重要结论等，有时需要保密，必须进行控制，以防泄密。因此，对于某些特殊环境要求的质量工作区域进行控制是非常有必要的。

码2-8　化验室
质量工作区域及
控制

质量工作区域实施控制应具有明显的标识，以引起人们的注意，如禁止入内、非本室人员禁止入内、顾客止步、外来人员禁止入内等标识。对有标识的区域，无关人员未经批准不得随意出入，以免影响环境的稳定和检验工作的安全。对于外来人员要进入有特殊要求的工作区域时，需经办公室同意，由相关人员陪同方可进入受控工作区域，进入受控工作区域后，必须遵守受控工作区域的保密规定及其他相关管理制度要求。

二、化验室安全技术

安全技术是为了消除生产中引起事故的潜在因素，在技术上采取的各种具体措施的总称。它主要解决如何防止和消除突然事故对于职工安全的威胁问题。

安全与环境保护工作牵系着国计民生，抓好安全与环境保护工作是我国的一贯政策。安全是生命之本，违章是事故之源。保护化验室人员的安全与健康，减少环境污染，保证化验室工作安全、正常、有序、顺利进行，是化验室管理的一项重要工作。

（一）化验室安全守则

1. 意义

无论做多么简单的实验，在进行实验之前，首先要了解化验室的自然环境并熟悉与实验过程相关的知识。做到事先有充足的准备，使工作脉络清晰，即知道自己去做什么、为什么做、采用何种途径去做、在做的过程中应注意什么、出现意外事故应如何处理。这样就可以避免事故发生，做到万无一失。

2. 安全守则

① 分析人员必须认真学习分析规程和有关的安全技术规程，了解设备性能及操作中可能发生事故的原因，掌握预防和处理事故的方法。

　　② 进行有危险性的工作，如危险物料的现场取样、易燃易爆物品的处理、焚烧废物等应有第二者陪伴，陪伴者应处于能清楚看到工作地点的地方并观察操作的全过程。

　　③ 玻璃管与胶管、胶塞等拆装时，应先用水浇湿，手上垫棉布，以免玻璃管折断扎伤。

　　④ 打开浓盐酸、浓硝酸、浓氨水试剂瓶塞时应戴防护用具，在通风柜（橱）中进行。

　　⑤ 夏季打开易挥发溶剂瓶塞前，应先用冷水冷却，瓶口不要对着人。

　　⑥ 稀释浓硫酸的容器，如烧杯或锥形瓶要放在塑料盆中，只能将浓硫酸慢慢倒入水中，顺序不能相反！必要时，用水冷却。

　　⑦ 蒸馏易燃液体严禁用明火。蒸馏过程不得离人，以防温度过高或冷却水突然中断发生事故。

　　⑧ 化验室内每瓶试剂必须贴有明显的与内容相符的标签，严禁将用完的原装试剂空瓶不更新标签而装入别的试剂。

　　⑨ 操作中不得离开岗位，必须离开时要委托本室人员负责看管。

　　⑩ 化验室内禁止吸烟、进食，不能用实验器皿处理食物。离开化验室前用肥皂洗手。

　　⑪ 工作时应穿工作服，长发要扎起，不应在食堂等公共场所穿工作服。进行有危险性的工作要戴防护用具，最好能做到做实验时都戴上防护眼镜。

　　⑫ 每日工作完毕检查水、电、气、窗，进行安全登记后方可锁门。

　　3. 安全作业证制度

　　凡是对生产经营安全与从业人员安全健康有不良影响的各种作业活动，如动火、设备检修、维修、吊装、爆破等危险作业时，其组织者或作业者需要事先提出申请，经生产经营单位的安全生产管理部门审查批准，发放作业许可证后才能从事该项作业活动，这就是安全作业证制度。

（二）化验室潜在的危险因素

　　1. 潜藏危险的客观因素

　　众所周知，化验室是通过各类化学试剂及相关辅助电气设备实现和完成实验的地方。化验室客观潜藏危险主要来自使用的试剂或储存的化学药品，有的具有挥发性，有的具有易燃性，有的具有毒性及腐蚀性，甚至在实验中某些化学反应还会产生有毒有害气体，也有可能反应控制不当造成燃烧或爆炸等，这些都是客观存在的事实。除此之外，由于操作者在实验过程中的不慎、粗心大意，也会造成意外事故的发生。

　　2. 潜藏危险性的分类

　　（1）爆炸危险性　化验室发生燃烧的危险带有普遍性，这是由于化验室中经常使用易燃物品。如低温着火性物质（P、S、Mg），此类物质受热或与氧化性物质混合后即会着火。又如乙醚、乙醛等有机溶剂，它们的着火温度及燃点很低而易着火。再如易爆物品［如强氧化性物质（高氯酸盐、无机氧化物、有机过氧化物等）］，此类物质因加热、撞击而发生爆炸，故要远离烟火和热源。此外，实验中还常使用高压气体钢瓶、低温液化气体、减压蒸馏与干馏等设备，如果处理不当，再遇到明火或撞击，往往酿成火灾事故，轻者造成人身伤害、仪器设备受损，重者则造成人员伤亡、房屋破损。

　　（2）中毒危险性　化验室中大多数化学药品是有毒物质，这种说法并不夸张。通常进行实验时，因为用量很少，一般不会引起中毒事故，除非严重违反使用规定。但是，毒性较大的物质以及化学反应中产生的有毒气体，如果不注意都能引起中毒事故的发生，甚至会有人员生命危险。

　　（3）触电危险性　检验工作离不开电气设备，如加热用的电炉、灼烧用的高温炉、测试用的各类仪器设备等。这些都直接与电有关，在频繁的分析测试过程中，如果不认真执行操作规程，就可能造成触电，甚至会由触电引发更大的事故。

（4）割伤、烫伤和冻伤危险性　有时检验工作经常用到玻璃器皿，如配制标准溶液、滴定分析操作；有时还要切割玻璃管用于连接胶管；有时常用电炉等加热设备进行样品溶解；有时也接触冷冻剂用于某种实验。所有这一切，如果操作者在操作过程中疏忽大意或思想不集中，就完全可能造成皮肤与手指等部位割伤、烫伤或冻伤。

（5）放射线危险性　从事放射性物质分析及 X 射线衍射分析的人员，由于常年进行着例行分析工作，如果不十分重视对射线的防护，很有可能受到放射性物质及 X 射线的伤害。

综上所述，虽然客观上存在着潜藏危险性，但是只要我们严格地按操作规程及规章制度去做，坚持"安全第一"的原则，预防措施妥当，就完全可以减小事故发生的频率，甚至完全杜绝事故的发生。

（三）化验室的防火、防爆与灭火

为什么物质能够起火？起火原因是什么？大量事实证明，物质起火的根本原因是该物质同时具备了起火的 3 个条件，即物质本身可燃、氧气存在和已达到或高于该物质的着火温度（着火点），此时若遇到明火或加热，该物质就会燃烧。不过当任何可燃物的温度低于着火点时，即使氧气存在也不会燃烧。因此，控制可燃物的着火温度是防止起火的关键。

1. 常见易燃易爆物质

易燃易爆物质均属于危险化学品，包括爆炸品、压缩气体和液化气体、易燃液体、易燃固体、自燃物品和遇湿易燃物品、强氧化剂、有机过氧化物等。

（1）爆炸品　包括纯粹的火药和炸药以及易分解的爆炸性物质，如硝酸酯、硝基化合物、有机叠氮化物、臭氧化物、高氯酸盐、氯酸盐等。此类物质常因烟火、加热或撞击等作用而引起爆炸。

（2）压缩气体和液化气体　包括氢气、氧气、乙炔、氮气、甲烷、乙烷、丙烯、乙烯、丁烯、环丙烷、丁烷、硫化氢、二硫化碳、氨等。当这类气体在空气中达到一定浓度时，遇明火将会燃烧和爆炸。

（3）易燃液体　包括二硫化碳、乙醛、戊烷、乙醚、异戊烷、石油醚、汽油、己烷、庚烷、辛烷、戊烯、邻二甲苯、甲醇、乙醇、二甲醚、丙酮、吡啶、氯苯、甲酸酯类、乙酸酯类等。此类物质具有着火点和燃点很低的特性，极易着火，使用时要十分注意。

（4）易燃固体　包括黄磷、红磷（P）、硫化磷（P_4S_3、P_2S_5、P_4S_7）、硫黄（S）、金属粉（Mg、Al）等。此类物质受热或与氧化性物质混合即会着火。因此，使用时要远离热源、火源及氧化性物质。

（5）自燃物品　包括有机化合物 R_nM（R 为烷基或烯丙基，M＝Li、Na、K、Rb、Se、B、Al、Ga、P、As、Sb、Bi、Ag、Zn）及还原性金属催化剂（如铂、钯、镍等），这类物质一接触空气就会着火。

（6）遇湿易燃物品　包括金属钾、钠、碳化钙、磷化钙、氢化锂铝等。这类物质与水作用，放出氢气或其他易燃气体而引起着火或爆炸。

（7）强氧化剂和有机过氧化物　强氧化剂包括氯酸钠、氯酸钾、氯酸铵、氯酸银、高氯酸铵、高氯酸钾等。

有机过氧化物包括烷基氢过氧化物（R—O—O—H）、二烷基过氧化物（R—O—O—R′）、酯的过氧化物（R—CO—O—O—R′）等。这类物质因加热或受到撞击，极易发生爆炸。

2. 化验室的防火和防爆措施

化验室的起火和爆炸事故的发生，与易燃易爆物质的性质有密切关系，与操作者粗心大意的工作态度有直接关系。因此，根据化验室起火和爆炸发生的原因，预防工作可采取下列针对性措施。

(1) 预防加热过程着火　加热操作是化验室分析检验中不可缺少的一项基本操作，而多数的着火均是由加热引起的，因此加热时应采取如下措施。

① 在加热的热源附近严禁放置易燃易爆物品。

② 灼烧的物品不能直接放在木制的实验台上，应放置在石棉板上。

③ 蒸馏、蒸发和回流易燃物时绝不允许用明火直接加热，可采用水浴、砂浴等方式加热。

④ 在蒸馏、蒸发和回流可燃液体时，操作人员不能离开现场，要注意仪器和冷凝器的正常运行。

⑤ 加热用的酒精灯、煤气灯、电炉等设备使用完毕后，应立即关闭。

⑥ 禁止用火焰检查可燃气体（如煤气、乙炔气等）泄漏的地方，应用肥皂水来检查漏气，可燃气体的爆炸极限见表 2-6。

表 2-6　可燃气体、蒸气与空气混合时的爆炸极限（体积分数）　　　单位：%

物质名称及化学式	爆炸下限	爆炸上限	物质名称及化学式	爆炸下限	爆炸上限
氢 H_2	4.1	75	乙酸乙酯 $C_4H_8O_2$	2.2	11.4
一氧化碳 CO	12.5	75	吡啶 C_5H_5N	1.8	12.4
硫化氢 H_2S	4.3	45.4	氨 NH_3	15.5	27.0
甲烷 CH_4	5.0	15.0	松节油 $C_{10}H_{16}$	0.80	—
乙烷 C_2H_6	3.2	12.5	甲醇 CH_4O	6.7	36.5
庚烷 C_7H_{16}	1.1	6.7	乙醇 C_2H_6O	3.3	19.0
乙烯 C_2H_4	2.8	28.6	糠醛 C_4H_3OCHO	2.1	—
丙烯 C_3H_6	2.0	11.1	甲基乙基醚 C_3H_8O	2.0	10.0
乙炔 C_2H_2	2.5	80.0	二乙醚 $C_4H_{10}O$	1.9	36.5
苯 C_6H_6	1.4	7.6	溴甲烷 CH_3Br	13.5	14.5
环己烷 C_6H_{12}	1.3	7.8	溴乙烷 C_2H_5Br	6.8	11.3
甲苯 C_7H_8	1.3	6.8	乙胺 $C_2H_5NH_2$	3.6	13.2
丙酮 C_3H_6O	2.6	12.8	二甲胺 $(CH_3)_2NH$	2.8	14.4
丁酮 C_4H_8O	1.8	9.5	水煤气	6.7	69.5
氯甲烷 CH_3Cl	8.3	18.7	高炉煤气	40～50	60～70
氯丁烷 C_4H_9Cl	1.9	10.1	半水煤气	8.1	70.5
乙酸 $C_2H_4O_2$	5.4	—	发生炉煤气	20.3	73.7
甲酸甲酯 $C_2H_4O_2$	5.1	22.7	焦炉煤气	6.0	30.0

⑦ 倾注或使用易燃物时，附近不得有明火。

⑧ 点燃煤气灯时，必须先关闭风门，划着火柴，再开煤气，最后调节风量。停用时要先闭风，后闭煤气。

⑨ 身上或手上沾有易燃物时，应立即清洗干净，不得靠近火源，以防着火。

⑩ 化验室内不宜存放过多的易燃易爆物品，且应低温存放，远离火源。

(2) 预防化学反应过程着火或爆炸　正常的化学反应可以给分析检验带来预期的结果，但有的化学反应却带来危险，特别是对性质不清楚的反应，更应引起注意，以防突发性的事故发生。

① 检验人员对其所进行的实验，必须熟知其反应原理和所用化学试剂的特性。对于有危险的实验，应事先做好防护措施以及考虑到事故发生后的处理方法。

② 易发生爆炸的实验操作应在通风柜（橱）内进行，操作人员应穿戴必要的工作服和其他防护用具，且应两人以上在场。

③ 严禁可燃物与氧化剂一起研磨，以防止发生燃烧或爆炸。常见的易燃易爆混合物见表 2-7。

表 2-7　常见的易燃易爆混合物

主要物质	相互作用的物质	产生结果
浓硝酸、硫酸	松节油、乙醇	燃烧
过氧化氢	乙酸、甲醇、丙酮	燃烧
溴	磷、锌粉、镁粉	燃烧
高氯酸钾（盐）	乙醇、有机物	爆炸
氯酸盐	硫、磷、铝、镁	爆炸
高锰酸钾	硫黄、甘油、有机物	爆炸
硝酸铵	锌粉和少量水	爆炸
硝酸盐	酯类、乙酸钠、氯化亚锡	爆炸
过氧化物	镁、锌、铝	爆炸
钾、钠	水	燃烧、爆炸
红磷	氯酸盐、二氧化铝	爆炸
黄磷	空气、氧化剂、强酸	爆炸
乙炔	银、铜、汞（Ⅱ）化合物	爆炸

④ 易燃液体的废液应设置专用储器收集，不得倒入下水道，以免引起燃烧及爆炸事故。

⑤ 检验人员在工作中不要使用不知其成分的物质，如果必须进行性质不明的实验，试剂用量先从最小剂量开始，同时要采取安全措施。

⑥ 及时销毁残存的易燃易爆物品，消除隐患。

3. 化验室的灭火

灭火主导原则是：一旦发生火灾，工作人员应冷静沉着，快速选择合适的灭火器材进行扑救，同时注意自身的安全保护。

（1）灭火的紧急措施

① 防止火势扩展，首先切断电源，关闭煤气阀门，快速移走附近的可燃物。

② 根据起火的原因及性质，采取妥当的措施扑灭火焰。

③ 火势较猛时，应根据具体情况，选用适当的灭火器，并立即与火警联系，请求救援。火源类型及选用的灭火器见表 2-8。

表 2-8　火源类型及灭火器的选用

燃烧物质（着火源）	灭火器的选用
木材、纸张、棉花	水、酸碱式和泡沫式灭火器
可燃性液体,如石油化工产品、食品油脂等	泡沫式灭火器、二氧化碳灭火器、干粉灭火器和 1211[①] 灭火器
可燃性气体,如煤气、石油液化气等;电气设备;精密仪器;档案资料	1211 灭火器、干粉灭火器
可燃性金属,如钾、铝、钠、钙、镁等	干砂土、7150[②] 灭火器

① 1211 即二氟一氯一溴甲烷，它在火焰中汽化时产生一种抑制和阻断燃烧链反应的自由基，使燃烧中断。

② 7150 即偏硼酸六甲酯，它受热分解，吸收大量热，并且在可燃金属表面形成氧化硼保护膜，将空气隔绝，使火熄灭。

码2-9　灭火器的分类

码2-10　空气机械泡沫灭火器及使用

码2-11　二氧化碳灭火器及使用

码2-12　清水灭火器及使用

（2）灭火时的注意事项

① 一定要根据火源类型选择合适的灭火器材。如：能与水发生猛烈作用的金属钠、过氧化物等失火时，不能用水灭火；比水轻的易燃物品失火时，不能用水灭火。

② 电气设备及电线着火时应关闭总电源，再用四氯化碳灭火器对已燃烧的电线及设备进行灭火。

③ 在回流加热时，由于安装不当或冷凝效果不佳而失火时，应先切断加热源，再进行扑救，但绝对不可以用其他物品堵住冷凝管上口。

④ 实验过程中，若敞口的器皿中发生燃烧，在切断加热源后，再设法找适当材料盖住器皿口，使火熄灭。

⑤ 衣服着火时，不可慌张乱跑，应立即用湿布等物品灭火，如燃烧面积大，可躺在地上打滚，熄灭火焰。

⑥ 防止复燃复爆。将火灾消灭以后，要留有必要数量的灭火力量继续冷却燃烧区内的设备、设施、建（构）筑物等，消除着火源；同时将泄漏出的危险化学品及时处理，特别要尽量使用蒸汽或喷雾水流稀释、排除空间内残存的可燃气体或蒸气，以防止复燃复爆。

⑦ 防止高温危害。火场上高温的存在不仅造成火势蔓延扩大，也会威胁灭火人员安全。可以使用喷水降温、利用掩体保护、穿隔热服装保护、定时组织换班等方法避免高温危害。

⑧ 防止毒物危害。发生火灾时，可能出现一氧化碳、二氧化碳等有毒物质。在扑救时，应当设置警戒区，进入警戒区的抢险人员应当穿戴个体防护装备，并采取适当的手段消除毒物。

（3）灭火器的维护

① 灭火器应定期检查，并按时更换药液。

② 临用前必须检查喷嘴是否畅通，如有阻塞，应用铁丝疏通后再使用，以免造成爆炸。

③ 使用后应彻底清洗，并及时更换已损坏的零件。

④ 灭火器应安放在固定明显的地方，不得随意挪动。

（四）常见化学毒物的中毒和急救方法

化验室的分析检验工作离不开化学试剂，而大多数化学试剂是有毒的。但这并不意味着实验不能做，化学试剂不敢碰。只要我们了解所用试剂的性质，掌握正确的使用方法，就完全可以避免中毒。

1. 中毒和毒物的分级

（1）中毒　中毒是指某些侵入人体的少量物质引起局部刺激或整个机体功能障碍的任何疾病，把能够引起中毒的物质称为毒物。

根据毒物侵入的途径，中毒分为呼吸中毒、接触中毒和摄入中毒 3 种。

① 呼吸中毒是毒物经呼吸道吸入后产生的中毒。经呼吸道吸入的毒物多半是有毒的气体、烟雾或粉尘。

② 接触中毒是当毒物接触到皮肤时，便穿透表皮而被吸收引起中毒。经皮肤吸收的毒物有：脂溶性毒物，如苯及其衍生物、有机磷农药等，以及可与皮脂的脂酸根结合的物质，如汞及砷的氧化物。

③ 摄入中毒是毒物口服后引起中毒，这是中毒最常见的一种形式。

（2）毒物的分级　毒物依据毒性大小进行分级。所谓毒性是毒物的剂量与效应之间的关系，以半致死剂量 LD_{50}（mg/kg）或半致死浓度 LC_{50}（mg/m^3）表示。其最高允许浓度越小，毒性越大。

我国国家标准 GBZ 230—2010《职业性接触毒物危害程度分级》是以毒物的急性毒性、扩散性、蓄积性、致癌性、生殖毒性、致敏性、刺激与腐蚀性、实际危害后果与预后等9项指标为基础的定级标准。

分级原则是依据急性毒性、影响毒性作用的因素、毒物效应、实际危害后果等4大类9项分级指标进行综合分析、计算毒物危害指数。每项指标均按照危害程度分5个等级并赋予相应分值（轻微危害：0分。轻度危害：1分。中度危害：2分。高度危害：3分。极度危害：4分）。同时，根据各项指标对职业危害影响作用的大小赋予相应的权重系数。依据各项指标加权分值的总和，即毒物危害指数确定职业性接触毒物危害程度的级别。根据职业性接触毒物危害程度分级和评分依据，化验室中可能用到的毒物的分级见表2-9。

表2-9　化验室中毒物危害程度分级

级别	毒物名称
Ⅰ级（极度危害）	汞及其化合物、苯、砷及其化合物（非致癌的除外）、氯乙烯、铬酸盐与重铬酸盐、黄磷、铍及其化合物、对硫磷、羰基镍、八氟异丁烯、氯甲醚、锰及其无机化合物、氰化物
Ⅱ级（高度危害）	三硝基甲苯、铅及其化合物、二硫化碳、氯、丙烯腈、四氯化碳、硫化氢、甲醛、苯胺、氟化氢、五氯酚及其钠盐、镉及其化合物、敌百虫、氯丙烯、钒及其化合物、溴甲烷、硫酸二甲酯、金属镍、甲苯二异氰酸酯、环氧氯丙烷、砷化氢、敌敌畏、光气、氯丁二烯、一氧化碳、硝基苯
Ⅲ级（中度危害）	苯乙烯、甲醇、硝酸、硫酸、盐酸、甲苯、二甲苯、三氯乙烯、二甲基甲酰胺、六氟丙烯、苯酚、氮氧化物
Ⅳ级（轻度危害）	溶剂汽油、丙酮、氢氧化钠、四氟乙烯、氨

2. 中毒的预防

① 化验室工作人员一定要熟知本岗位的检验项目以及所用药品的性质。

② 所用的一切化学药品必须有标签，剧毒药品要有明显的标志。

③ 严禁试剂入口，用移液管吸取试液时用吸耳球操作而不能用嘴。

④ 严禁用鼻子贴近试剂瓶口鉴别试剂。正确做法是将试剂瓶远离鼻子，稍闻其味即可。

⑤ 对于能够产生有毒气体或蒸气的实验，必须在通风柜（橱）内完成。

⑥ 使用毒物实验的操作者，在实验过程中，一定要严格地按照操作规程完成，实验结束后，必须用肥皂充分洗手。

⑦ 采取有毒试样时，一定要事先做好预防工作。

⑧ 装有煤气管道的化验室，应经常注意检查管道和开关的严密性，避免漏气。

⑨ 尽量避免手与有毒物质直接接触，严禁在化验室内饮食。

⑩ 实验过程中如出现头晕、四肢无力、呼吸困难、恶心等症状，说明可能中毒，应立即离开化验室，到户外呼吸新鲜空气，严重时送往医院救治。

3. 常见毒物的中毒症状和急救方法

码2-13　化学毒物的中毒与急救（一）

码2-14　化学毒物的中毒与急救（二）

（1）全面了解毒物的意义　化验工作中接触的化学药品，很多是对人体有毒的。它们对人体的侵入途径和毒害程度各不相同，有些毒物有多种途径侵入人体，而有些毒物对人体的毒害是慢性的、积累性的。因此，检验人员应了解毒物性质、侵入途径、中毒症状和急救方法，这样在检验工作中才能减少化学毒物引起的中毒事故发生。一旦发生中毒，能争分夺秒地采取有效的自救措施，力求在毒物被吸收以前实现抢救，使毒物对人体的伤害程度降至最低限，这就是要全方面了解毒物的意义所在。

（2）毒物侵入途径、中毒症状和急救方法

① 硫酸、盐酸和硝酸主要经呼吸道和皮肤使人中毒，对皮肤的黏膜有刺激和腐蚀作用。急救方法：中毒后应立即用大量水冲洗，再用 2％碳酸氢钠水溶液冲洗，然后用清水冲洗。如有水泡出现，可涂红汞。眼、鼻、咽喉受蒸气刺激时，可用温水或 2％碳酸氢钠水溶液冲洗和含漱。

② 氰化物或氢氰酸主要经呼吸道和皮肤使人中毒。轻者刺激黏膜、喉头痉挛，重者呼吸困难、昏迷、血压下降、口腔出血、胸闷、头痛。急救方法：脱离中毒现场，人工呼吸、吸氧或用亚硝酸异戊酯、亚硝酸钠解毒（医生进行）；皮肤烧伤时可用大量水冲洗，依次用 0.01％的高锰酸钾和硫化铵洗涤或用 0.5％硫代硫酸钠冲洗。

③ 氢氟酸或氟化物主要经呼吸道和皮肤使人中毒。接触氢氟酸气体可使皮肤局部有烧灼感，开始疼痛较小不易感觉，深入皮下组织及血管时可引起化脓溃疡。吸入氢氟酸气体后，气管黏膜受刺激可引起支气管炎症。急救方法：皮肤被灼烧时，立即用大量水冲洗，将伤处浸入乙醇溶液（冰镇）或饱和硫酸镁溶液（冰镇）中。

④ 汞及其化合物主要经呼吸道、皮肤和口服使人中毒。急性中毒表现为恶心、呕吐、腹痛、腹泻、全身衰弱、尿少或无尿，最后因尿毒症死亡。慢性中毒表现为头晕、头痛、失眠等精神衰弱症，记忆力减退，手指和舌头出现轻微震颤等症状。急救方法：急性中毒早期时用饱和碳酸氢钠溶液洗胃或迅速灌服牛奶、鸡蛋清、浓茶或豆浆，立即送医院治疗；皮肤接触时用大量水冲洗后，湿敷 3％～5％硫代硫酸钠溶液，不溶性汞化合物用肥皂和水洗。

⑤ 砷及其化合物主要经呼吸道、皮肤和口服使人中毒。急性中毒表现为咽干、口渴、流涎、持续呕吐，并混有腹泻、剧烈头痛、全身衰弱、皮肤苍白、血压降低、脉弱而快、体温下降，最后死于心衰竭。急救方法：迅速脱离中毒现场，灌服蛋清水或牛奶，送至医院治疗；皮肤接触时可用肥皂和水冲洗，可涂抹 2.5％二巯基丙醇油膏或硼酸软膏。

⑥ 铬酸、重铬酸钾等铬（Ⅵ）化合物主要经呼吸道、皮肤和口服使人中毒。吸入含铬化合物的粉尘或溶液飞沫可使口腔、鼻、咽黏膜发炎，严重者形成溃疡。皮肤接触后，最初出现发痒红点，以后侵入深部，继而组织坏死，愈合极慢。急救方法：皮肤损坏时，可用 5％硫代硫酸钠溶液清洗；口腔、鼻、咽黏膜损害时，可用清水或碳酸氢钠水溶液灌洗。

⑦ 铅及其化合物主要经皮肤和口服使人中毒。急性中毒症状为呕吐、流黏泪、腹痛、便秘等。慢性中毒表现为贫血、肢体麻痹瘫痪。急救方法：急性中毒时用硫酸钠或硫酸镁灌肠，送医院治疗。

⑧ 苯及其同系物主要经呼吸道和皮肤使人中毒。急性中毒症状为头晕、头痛、恶心，重者昏迷、抽搐，甚至死亡。慢性中毒主要是损害造血系统和神经系统。急救方法：皮肤接触后用清水冲洗，脱离现场，人工呼吸、输氧，送医院。

⑨ 石油烃类（饱和烃和不饱和烃）主要经呼吸道和皮肤使人中毒。高浓度吸入后，出现头痛、头晕、心悸、神志不清等症状；皮肤接触汽油后，变得干燥、皲裂。急救方法：脱离现场至新鲜空气处，输氧；皮肤接触用温水洗。

⑩ 四氯化碳主要经呼吸道和皮肤使人中毒。皮肤接触使其脱脂而干燥皲裂；高浓度吸入使黏膜受到刺激，中枢神经系统抑制和胃肠道受到刺激。慢性中毒为神经衰弱症，损害肝、肾。急救方法：脱离现场，人工呼吸、输氧；皮肤接触可用 2％碳酸氢钠或 1％硼酸溶液冲洗。

⑪ 三氯甲烷主要经呼吸道和皮肤使人中毒。高浓度吸入会出现眩晕、恶心和麻醉；长期接触可发生消化障碍、精神不安和失眠等慢性中毒症状；皮肤接触使其干燥皲裂。急救方法：急性中毒应脱离现场，人工呼吸或输氧，送至医院治疗；皮肤皲裂可选用 10％尿素霜处理。

⑫ 甲醇主要经呼吸道和皮肤使人中毒。高浓度吸入出现神经衰弱、视力模糊；吞服 15mL 可导致失明，70～100mL 致死；慢性中毒为视力下降，眼球疼痛。急救方法：皮肤污染用清水冲洗；溅入眼内，立即用 2％碳酸氢钠溶液冲洗；误服立即用 3％碳酸氢钠溶液洗胃后由医生处置。

⑬ 芳胺、芳香族硝基化合物主要经皮肤和呼吸道使人中毒。急性中毒导致高铁血红蛋白症、溶血性贫血及肝脏损伤。急救方法：送至医院治疗；皮肤接触可用温肥皂水洗，苯胺接触可用 5％乙酸溶液洗。

⑭ 氮氧化物主要经呼吸道使人中毒。急性中毒症状为口腔及咽喉黏膜、眼结膜充血，引发支气管炎、肺炎、肺气肿；慢性中毒导致呼吸道病变。急救方法：移至户外，必要时输氧。

⑮ 硫化氢主要经呼吸道使人中毒。高浓度吸入出现头晕、头痛、恶心、呕吐，甚至昏迷，突然失去知觉，死亡。急救方法：立即离开现场，呼吸新鲜空气，必要时送至医院治疗。

⑯ 硫的氧化物主要经呼吸道使人中毒。吸入时对黏膜有强烈的刺激作用，引起结膜炎、支气管炎。重度中毒能产生胸痛、吞咽困难、喉头水肿症状，以致窒息死亡。急救方法：立即离开现场，呼吸新鲜空气，必要时输氧；眼受刺激时用 2％碳酸氢钠溶液冲洗。

⑰ 一氧化碳和煤气主要经呼吸道使人中毒。轻度中毒时头晕、恶心、全身无力，重度中毒时立即陷入昏迷，呼吸停止而死亡。急救方法：移至新鲜空气处，注意保暖，人工呼吸、输氧，送至医院治疗。

⑱ 氯气主要经呼吸道和皮肤使人中毒。吸入后立即引起咳嗽、气急、胸闷、鼻塞、流泪等黏膜刺激症状，严重时可导致支气管炎、肺炎及中毒性肺水肿，心力逐渐衰竭而死亡。急救方法：立即离开现场，重者应保温、输氧，送至医院；眼受刺激时可用 2％碳酸氢钠溶液冲洗。

（五）化验室废弃物的处理

化验室的废弃物主要指实验中产生的废气、废液和废渣（简称"三废"）。由于各类化验室检验项目不同，产生的"三废"中所含化学物质的危害性不同，数量也有明显的差别。为了防止环境污染，保证检验人员及他人的健康，对排放的废弃物，检验人员应按照有关规章制度的要求，采取适当的处理措施，使其浓度达到国家环境保护规定的排放标准。

1. 废气处理

废气处理主要是对那些实验中产生危害健康和环境的气体的处理，如一氧化碳、甲醇、氨、汞、酚、氮氧化物、氯化氢、氟化物气体或蒸气等。实际上，进行这一类的实验都是在通风柜（橱）内完成的，操作者只要做好防护工作，就不会受到任何伤害。在实验过程中所产生的危害气体或蒸气，可直接通过排风设备排到室外。这对少量的低浓度的有害气体是允许的，因为少量的有害气体在大气中通过稀释和扩散等作用，危害能力大大降低。但对于大量的高浓度的废气，在排放之前必须进行预处理，使排放的废气达到国家规定的排放标准。

化验室对废气预处理最常用的方法是吸收法，即根据被吸收气体组分的性质，选择合适的吸收剂（液）。例如，氯化氢气体可用氢氧化钠溶液吸收，二氧化硫、氮氧化物等气体可用水吸收，氨可被水或酸吸收，氟化物、氰化物、溴、酚等均可被氢氧化钠溶液吸收，硝基苯可被乙醇吸收等。除吸收法外，常用的预处理方法还有吸附法、氧化法、分解法等。

码2-15　化验室三废之废气

2. 废液处理

化验室废液的处理意义很大，因为排出的废液直接渗入地下，流入江河，直接污染着水源、土壤和环境，危及人体健康，检验人员必须对此引起高度重视。

（1）废液处理依据　化验室的废液多数含有化学物质，其危害较大。因此，在废液排放之前，首先应了解废液的成分及浓度，再依据 GB 8978—1996《污水综合排放标准》中的第一类污染物的最高允许排放浓度（见表 2-10）和第二类污染物的最高允许排放浓度（见表 2-11）的规定，决定如何对废液进行处置。

表 2-10　第一类污染物的最高允许排放浓度

污染物	最高允许排放浓度/（mg/L）	污染物	最高允许排放浓度/（mg/L）
总汞	0.05	总砷	0.5
烷基汞	不得检出	总铅	1.0
总镉	0.1	总镍	1.0
总铬	1.5	苯并[a]芘	0.00003（试行标准，二、三级）
六价铬	0.5		

注：第一类污染物是指对人体健康产生长远不良影响的污染物。

表 2-11　第二类污染物的最高允许排放浓度　　　　　单位：mg/L

项目	一级标准		二级标准		三级标准
	新建、扩建、改建	现有	新建、扩建、改建	现有	
pH 值	6～9	6～9	6～9	6～9	6～9
色度（稀释倍数）	50	80	80	100	—
悬浮物	70	100	200	250	400
BOD（生化需氧量）	30	60	60	80	300
COD（化学需氧量）	100	150	150	200	500
石油类	10	15	10	20	30
动植物油	20	30	20	40	100
挥发酚	0.5	1.0	0.5	1.0	2.0
氰化物	0.5	0.5	0.5	0.5	1.0
硫化物	1.0	1.0	1.0	2.0	2.0
氨氮	15	25	25	40	
氟化物	10	15	10	15	20
（低氟地区）	—	—	(20)	(30)	—

续表

项目	一级标准		二级标准		三级标准
	新建、扩建、改建	现有	新建、扩建、改建	现有	
磷酸盐（以 P 计）	0.5	1.0	1.0	2.0	—
甲醛	1.0	2.0	2.0	3.0	—
苯胺类	1.0	2.0	2.0	3.0	5.0
硝基苯类	2.0	3.0	3.0	5.0	5.0
阴离子合成洗涤剂（LAS）	5.0	10	10	15	20
铜	0.5	0.5	1.0	1.0	2.0
锌	2.0	2.0	4.0	5.0	5.0
锰	2.0	5.0	2.0	5.0	5.0

注：第二类污染物是指对人体健康产生的长远影响小于第一类污染物的物质。

（2）废液处理方法　化验室废液可以分别收集进行处理，下面介绍几种废液处理方法。

① 无机酸类　可将废酸缓慢地倒入过量的碱溶液中，边倒边搅拌，然后用大量水冲洗，排放。

② 无机碱类　可采用稀废酸中和的方法，中和后，再用大量水冲洗，排放。

③ 含六价铬的废液　可采用先还原后沉淀的方法，在 pH＜3 的条件下，向废液中加入固体亚硫酸钠至溶液由黄色变成绿色为止，再向此溶液中加入 5％的 NaOH 溶液，调节 pH 值至 7.5～8.5，使 Cr^{3+} 完全以 $Cr(OH)_3$ 形式存在，分离沉淀，上层液再用二苯基碳酰二肼试剂检查是否有铬，确认不含铬后才能排放。

④ 含砷废液　采用氢氧化物共沉淀法，在 pH 值为 7～10 的条件下，向废液中加入 $FeCl_3$，使其生成沉淀，放置过夜，分离沉淀，检查上层液不含砷后，废液再经中和后即可排放。

码2-16　六价铬
废水处理

⑤ 含锑、铋等离子的废液　采用硫化物沉淀法，调节废液酸度 $[H^+]$ 为 0.3mol/L，向废液中加入硫代乙酰胺至沉淀完全。检查上层液不含锑、铋，废液经中和后可排放。

⑥ 含氰化物废液　采用分解法，在 pH＞10 的条件下，加入过量的 3％ $KMnO_4$ 溶液，使氰基分解为 N_2 和 CO_2，如 CN^- 含量高，可加入过量的次氯酸钙和氢氧化钠溶液。检查废液中不含氰离子后排放。

⑦ 含铅、镉的废液　采用氢氧化物共沉淀法，即向废液中加氢氧化钙使 pH 值调至 8～10，再加入硫酸亚铁，充分搅拌后放置，此时 Pb^{2+} 和 Cd^{2+} 与 $Fe(OH)_3$ 共同生成沉淀，检查上层液中不含有 Pb^{2+} 和 Cd^{2+} 时，把废液中和后即可排放。

⑧ 含重金属的废液　采用氢氧化物共沉淀法，将废液用 $Ca(OH)_2$ 调节 pH 值至 9～10，再加入 $FeCl_3$，充分搅拌，放置后，过滤沉淀。检查滤液中不含重金属离子后，再将废液中和排放。

码2-17　含铅、
镉的废液处理

⑨ 含酚废液　高浓度的酚可用乙酸丁酯萃取，蒸馏回收；低浓度含酚废液可加入次氯酸钠使酚氧化为 CO_2 和 H_2O。

⑩ 混合废液　调节废液（不含氰化物）的 pH 值为 3～4，加入铁粉，搅拌半小时，再用碱调节至 pH≈9，继续搅拌，加入高分子絮凝剂，清液可排放，沉淀物按废渣处理。

⑪ 可燃性有机物的废液　用焚烧法处理。焚烧的设计要确保安全，并保证充分燃烧，并设洗涤器，以除去燃烧后产生的有害气体，如二氧化硫、氯化氢、二氧化氮等。不易燃烧

的物质及低浓度的废液，用溶剂萃取法、吸附法及水解法进行处理。

⑫ 汞及含汞盐废液　不慎将汞散落或打破压力计、温度计时，必须立即用吸管、毛刷或在酸性硝酸汞溶液中浸过的铜片收集起来，并用水覆盖。在散落过汞的地面、实验台上应撒上硫黄粉或喷上 20% $FeCl_3$ 水溶液，干后再清扫干净。含汞盐的废液可先调节 pH 值至 8~10，加入过量的 Na_2S，再加入 $FeSO_4$ 搅拌，使 Hg^{2+} 与 Fe^{3+} 共同生成硫化物沉淀。检查上层液不含汞后排放，沉淀可用焙烧法回收汞，或再制成汞盐。

码2-18　化验室废渣

3. 废渣处理

废弃的有害固体药品或反应中得到的沉淀严禁倒在生活垃圾上，必须进行处理。废渣处理方法是先解毒后深埋。首先根据废渣的性质，选择合适的化学方法或通过高温分解方式等，使废渣的毒性减小到最低限度，然后将处理过的残渣挖坑深埋掉。

4. 危险废物的处理

危险废物（hazardous wastes）名称起始于 1970 年美国资源回收法（Resource Recovery Act），现已广泛使用该名词。1976 年美国资源保护回收法（Resource Conservation And Recovery Act，RCRA）对危险废物定义为：固体废弃物由于其特性（如

码2-19　什么是危险废物

数量、浓度、物理性质、化学性质及污染性）会引起死亡率、患疾病率的明显增加；或因不当的储存、运输、处置及管理，以致对人体健康或环境生态造成明显的伤害或具有潜在性的威胁物质，又称为危险废弃物。当初仅限于固体物，但后来又修正成包括液体及装在容器内的气体。

危险废物的特征是指它所表现出来的对人、动植物可能造成致病性或致命性，或对环境造成危害的性质，通常表现为：易燃性、腐蚀性、反应性、毒害性、传染性、生物毒性、生物蓄积性等。

危险废物处理处置的基本原则：危险废物的减量化、资源化和无害化，尽可能防止和减少危险废物的产生；对产生的危险废物尽可能通过回收利用方式，减少危险废物处理处置量；不能回收利用和资源化的危险废物应进行安全处置；安全填埋为危险废物的最终处置手段。

（六）化验室常用电气设备及安全用电

分析检验工作中经常用到电气设备。在种类繁多的电气设备中，化验室常用的电气设备有电炉、高温电炉、电热恒温干燥箱、电热恒温水浴及其他一些辅助电器，如电冰箱、真空泵和电磁搅拌器等。这些电气设备都是分析检验工作人员所熟知的。但是，为了保证电气设备在使用过程中的安全，需要掌握有关设备的性能、使用方法和安全用电等方面的知识。

1. 电热设备

（1）电炉　电炉是化验室最常用的加热设备之一，由炉盘和电阻丝（常用的是镍铬合金丝）构成。

按电阻丝的功率大小，电炉有 500W、800W、1000W、1500W 和 2000W 等不同规格，功率越大，发热量也越大。电炉分为暗式电炉、球形电炉和电热套。暗式电炉，即电阻丝被铁盖封严，实质是一种封闭式电炉，具有使用安全、功率可调的特点，常用于加热一些不能用明火加热的实验。球形电炉用于加热圆底烧瓶类容器。电热套是加热烧瓶的专用电热设备，其热能利用效率高、省电、安全，常用于有机溶剂的蒸馏等实验中。

电炉的使用注意事项如下：

① 电源应采用电闸开关，不要只靠插头控制，最好与调压器相接，以便通过电压的调节，控制电炉的发热量，获得所需的工作温度。

② 电炉不要放在木质、塑料等可燃的实验台上，若需要，可在电炉下面垫上隔热层（如石棉板等）。

③ 炉盘凹槽中要保持清洁，及时清除污物，保持电阻丝传热良好，延长使用寿命。

④ 加热玻璃仪器时，必须垫上石棉网。

⑤ 加热金属容器时，容器不能接触到电阻丝，最好在断电状态下取放。

⑥ 更换电阻丝时，电阻丝功率应与原电阻丝功率相同。

⑦ 电炉连续使用时间不宜过长，电源电压与电炉本身规定电压应相同，否则会影响电阻丝寿命。

（2）高温电炉　高温电炉包括马弗炉、箱式电阻炉和高频感应加热炉。

马弗炉常用作称量分析中沉淀灼烧、灰分测定、挥发分测定及样品熔融操作的加热设备。

箱式电阻炉壁由耐高温材料做成。炉膛内外壁之间有空槽，电阻丝穿在空槽里，炉膛四周都有电阻丝，通电后，整个炉膛被均匀加热。炉膛外围包着耐火砖、耐火土、耐火棉等，其作用是保持炉膛内的温度，以减少热量损失。炉膛温度由控制器控制。

箱式电阻炉因炉膛尺寸大小及温度范围不同，规格种类也不同，使用者可根据实际情况选购。

高温电炉的使用注意事项如下：

① 高温电炉必须安装在稳固的水泥台上或特制的铁架上，周围不得存放易燃易爆物品，更不能在炉内灼烧有爆炸危险的物质。

② 高温电炉要用专用电闸控制电源，不许用直接插入式插头控制。

③ 高温电炉所需电压应与使用电压相符，并配置功率合适的插头、插座和熔断器，接好地线。炉前地上铺一块橡胶板，保证操作安全。

④ 炉膛内应衬一块耐高温的薄板，作用是避免用碱性熔剂熔融样品时碱液逸出，腐蚀炉膛。

⑤ 使用高温电炉时，不得随意离开，以防自控系统失灵，造成意外事故。

⑥ 高温电炉用完后，立即切断电源，关好炉门，防止耐火材料受潮气侵蚀。

（3）电热恒温干燥箱　电热恒温干燥箱简称烘箱，常用于水分测定、基准物质处理、干燥试样、烘干玻璃器皿及其他物品，是化验室中最常用的电热设备。

烘箱的型号很多，但基本结构相似，一般由箱体、电热系统和自动恒温控制系统 3 部分组成。其常用工作温度为 $100\sim150℃$，最高工作温度可达 $300℃$。

电热恒温干燥箱的使用注意事项如下：

① 烘箱应安装在室内干燥和水平处，防止振动和腐蚀。

② 根据烘箱的功率、所需电源电压指标配置合适的插头、插座和熔断器，并接好地线。

③ 使用烘箱时，首先打开烘箱上方的排气孔，不用时把排气孔关好，防止灰尘及其他有害气体侵入。

④ 烘干物品时，物品应放在表面皿上或称量瓶、瓷质容器中，不应将物品直接放在烘箱内的隔板上。

⑤ 烘箱只供实验中干燥样品及器皿等用，严禁在烘箱中烘烤食品。

⑥ 烘箱内严禁烘易燃易爆及有腐蚀性的物品，以防发生事故。

⑦ 用完后应及时切断电源，并把调温旋钮调至零位。

（4）电热恒温水浴　电热恒温水浴是用于物质蒸发、浓缩、结晶及样品恒温加热处理的电热设备。其规格有两孔、四孔、六孔及多孔不等，可根据实验需要选择。水浴用电加热，电源电压为 220V，一般电热恒温水浴的恒温范围在 37～100℃，温差为 ±1℃。

电热恒温水浴的使用方法如下：

① 关闭放水阀，往水槽内注入清水至适当位置。

② 将电源插头接在插座上，接好地线。

③ 按所需温度顺时针方向旋转调温旋钮至适当位置。

④ 接通电源，红灯亮表示已开始加热，当温度计读数上升到距离所需的温度约 2℃ 时，应逆时针方向转动调温旋钮至红灯刚好熄灭，表示恒温。如未达到所需温度，可继续调节，直至达到为止。

电热恒温水浴的使用注意事项如下：

① 水槽中的水位不得低于电热管，否则容易将电热管烧坏。

② 使用前检查电器控制箱内是否潮湿，如潮湿应干燥后使用。

③ 使用过程中应随时观察水槽是否有渗漏现象，若出现渗漏应立即停止。

2. 其他电气设备

（1）电冰箱是化验室常用的制冷设备。一些在常温下不宜保存的样品、试剂和菌种等物质，都可放在冰箱内保存。此外，利用冰箱的冷冻室，还可以在夏季制备出实验所需要的冰。

电冰箱的种类、型号很多，但是结构和作用原理基本相同，一般由箱体、制冷系统、自动控制系统和附件四部分组成。

箱体外壳一般由薄钢板或硬质合金制成，内壳为塑料板或轻质合金，为了防止热量交换，在内、外壳的夹层中填充了绝热材料。

制冷系统是电冰箱的"心脏"，由封闭式压缩机、冷凝器、毛细管、蒸发器等组成。其工作原理是制冷剂气体经压缩机压缩，在冷凝器中冷却放热，变为高压液体，高压液体经毛细管进入蒸发器内时，由于压力骤然降低，液体制冷剂迅速沸腾蒸发并吸热，使冷冻室降温，气体制冷剂被压缩机吸回、再压缩，如此连续工作，即形成制冷循环。

自动控制系统包括电动机、温度控制器、热保护继电器、照明灯等。

附件包括冰盒、盛物盒、接水盒等。

电冰箱的使用注意事项如下：

① 电冰箱安放要平稳，不得摇晃，不要贴墙安置，以保证冷凝器对流效率高。

② 电冰箱额定电源电压为 220V，使用的工作电压不得低于 190V 和高于 230V，否则应加稳压器，以保证电冰箱正常使用。

③ 使用过程中，尽量减少开门次数，以保持冰箱的良好工作状态。

④ 电冰箱内严禁直接放入强酸、强碱、腐蚀性及有强烈气味的物品，若需要，应密封后放入，以防腐蚀和污染。

（2）真空泵　在化验室中，真空泵主要用于那些在高温下易分解样品的干燥和真空蒸馏以及真空过滤等方面。

真空泵种类很多，化验室中最常用的是定片式或旋片式转动泵。真空泵的工作原理是利用运动部件在泵腔内连续运动，使泵腔内容积变化，产生抽气作用。

真空泵的使用与维护注意事项如下：

① 开泵前首先检查泵内润滑油的液位是否在标线处。油过多（高于标线）的情况下运转时，油会随着气体由排气孔向外飞溅；油量不足（低于标线）时，泵体不能被完全浸没，达不到密封和润滑的目的，容易使泵体损坏。

② 真空泵使用三相电源，送电之前必须取下皮带，检查电动机机轮转动的方向，如与泵轮箭头方向一致，方可供电。

③ 在真空泵与被抽气系统之间必须连接安全瓶（空的玻璃瓶）、干燥过滤塔（内装无水氯化钙、固体氢氧化钠、变色硅胶、石蜡、玻璃棉等，用以除去水分、有机物和杂质等），以免水分、有机物和杂质等进入泵内污染润滑油。

④ 运转中若发现电动机发热或声音不正常，应立即停止使用，进行检修。

⑤ 真空泵要定期换油并清洗入气口的细沙网，防止固体颗粒落入泵内。

⑥ 停泵之前必须先解除抽气系统的真空，然后才能拔下插头、断电，否则真空泵内的润滑油将被吸入抽气系统，造成严重事故。

（3）电磁搅拌器主要用于 pH 的测定、选择性电极测定离子、电位滴定及其他需要的化学反应中。

电磁搅拌器的型号很多，但结构基本相同。在面板上有电源开关、转速调节旋钮、加热开关、电源指示灯及加热指示灯等。

电磁搅拌器的使用与维护注意事项如下：

① 接通电源，打开电源开关，磁子开始转动，调节转速旋钮，控制合适的转速。

② 实验过程中，严防反应溶液溅出，腐蚀托盘。

③ 用完后应及时断电，放在干燥处保存。

3. 电气安全

化验室工作离不开电，经常接触电气设备和分析仪器，如果对用电设备和仪器的性能不了解，使用不当就会引起电气事故。此外，加上化验室某些不良环境，如潮湿、腐蚀性气体、易燃易爆物品等危险因素的存在，更易造成电气事故。因此，保障电气安全对人身及仪器设备的保护都是非常重要的。

（1）电击防护　电对人造成的伤害有电外伤和电内伤两种。电外伤是由于电流热效应和机械效应造成的局部伤害。电内伤就是电击，是电流通过人体内部组织引起的伤害，这种伤害能使心脏和神经系统等受到损伤。损伤的程度大小与通过人体的电流大小有关，通过人体的电流越大，伤害越严重。通常所说的触电事故主要指电击。

电击的防护措施如下：

① 电气设备完好、绝缘好，并有良好的接地保护。

② 操作电器时，手必须干燥。因为手潮湿时，电阻显著减小，容易引起电击。不得直接接触绝缘不好的设备。

③ 一切电源裸露部分都应有绝缘装置，如电线接头应裹以胶布。

④ 修理或安装电气设备时，必须先切断电源，不允许带电工作。

⑤ 已损坏的插座、插头或绝缘不良的电线应及时更换。

⑥ 不能用试电笔去试高压电。

⑦ 使用漏电保护器。

（2）静电防护　静电是在一定的物体中或其表面上存在的电荷。静电不像电击那样直接给人们带来伤害，但是由它引发的事故给人们带来的后果也是严重的，应给予高度重视。静电危害有两个方面：其一是危及大型精密仪器的安全，主要因现代仪器中的高灵敏、高性能的元件对静电放电敏感，静电会造成器件损坏；其二是静电电击危害，所谓静电电击是静电放电时瞬间产生的冲击性电流通过人体时造成的伤害。它虽不会造成生命危险，但放电时可以使人摔倒、使电子仪器失灵，甚至放电产生的火花可引起易燃混合气体的燃烧与爆炸，因此必须加以防护。

静电的防护措施如下：

① 防静电区内不要使用塑料地板、地毯等易产生静电的地面材料。

② 在易燃易爆场所，不要穿化纤类织物、胶鞋及绝缘鞋底的鞋，以免产生静电。

③ 高压带电体应有屏蔽措施，以防人体感应产生静电。

④ 进入防静电化验室时，应徒手接触金属接地棒，以消除人体从外界带来的静电。坐着工作的场合可在手腕上带接地腕带。

⑤ 保持静电区域内合适的相对湿度。

4. 使用电气设备的安全规定

① 使用电气动力时，必须检查设备的电源开关、电动机和机械设备各部分是否安置妥当。

② 一切电气设备在使用前，应检查是否漏电，外壳是否带电，接地线是否脱落。

③ 安置电气设备的房间、场所必须保持干燥，不得有漏水或地面潮湿现象。

④ 打开电源之前，必须认真思考 30s，确认无误时方可送电。

⑤ 注意保持电线干燥，严禁用湿布擦电源开关。

⑥ 化验室内不得有裸露的电线头，不要用电线直接插入电源接通电灯、仪器和其他电气设备，以免产生电火花引起爆炸和火灾事故。

⑦ 认真阅读电气设备的使用说明书及操作注意事项，并严格遵守。

⑧ 临时停电时，要关闭一切电气设备的电源开关，待恢复供电时再重新开始工作。

⑨ 电气动力设备发生过热（超过最高允许温度）现象时，应立即停止运转，进行检修。

⑩ 化验室所有电气设备不得私自拆动及随便进行修理。

⑪ 下班前认真检查所有电气设备的电源开关，确认完全关闭后方可离开。

（七）气瓶的安全使用

气瓶在化验室中主要作为气相色谱分析和原子吸收分析时提供载气、燃气和助燃气的气源。为了保证压力气瓶的安全使用，保护工作人员和化验室财产的安全，检验人员必须掌握气瓶安全使用知识。

1. 气瓶与减压阀

气瓶是高压容器，瓶内装有高压气体，还要承受搬运、滚动等外界的作用力。因此，对气瓶的材质要求非常高，常用无缝合金或锰钢管制成圆柱形容器。底部呈半球形，通常还装有钢质底座，便于竖放。气瓶顶部装有启闭气门，气门侧接头上连接有螺纹，用来连接减压阀。各类气瓶容器必须符合国家关于气瓶安全监察规程的规定。

实验时，气瓶内的高压气体要通过一个减压装置，使从高压气瓶中放出气体的压力符合实验所需压力，这个减压装置就是减压阀。不同工作气体有不同的减压阀，减压阀外表涂有不同颜色加以区分，此颜色标志与气瓶所漆颜色标志一致。

在安装减压阀时，必须注意减压阀的管接头，防止丝扣滑牙，以免装旋不牢而漏气或被高压射出。卸下时要注意轻放，妥善保存，避免撞击、振动，不要放在有腐蚀性物质的地方，并防止灰尘落入减压阀表内，以免阻塞失灵。

　　实验结束后，先关闭气瓶气门，放尽减压阀内的气体，然后将调压螺杆旋松，若不旋开调压螺杆，则弹簧长期受压，将会使减压阀的压力表失灵。

　　2. 气瓶内装气体的分类

　　（1）压缩气体　临界温度低于 $-10℃$ 的气体，经加高压压缩后，仍处于气态者为压缩气体，如氧、氮、氢、空气、氩、氦等。这类气体钢瓶设计压力大于 $12MPa$，称为高压气瓶。

　　（2）液化气体　临界温度高于 $-10℃$ 的气体，经高压压缩后，转为液态并与其蒸气处于平衡状态者称为液化气体。临界温度高于或等于 $-10℃$ 且低于或等于 $70℃$ 者称为高压液化气体，如二氧化碳、氧化亚氮；临界温度高于 $70℃$ 且在 $60℃$ 时饱和蒸气压大于 $0.1MPa$ 者称为低压液化气体，如氨、氯、硫化氢等。

　　（3）溶解气体　单纯加高压压缩，可产生分解、爆炸等危害性的气体，必须在加高压的同时将其溶解于适当溶剂中，并由多孔性固体填充物所吸收。在 $15℃$ 以下压力达 $0.2MPa$ 以上时，称为溶解气体（或称气体溶液），如乙炔。

　　3. 气瓶颜色标志

　　气瓶外表面涂敷的字样内容、色环数目和涂膜颜色按充装气体的特性做规定的组合，是识别充装气体的标志。即根据气瓶的颜色、字样内容和色环数目，就会知道瓶内装有何种气体，也就会知道选用何种减压阀（器）。这在工作中可以避免错误充灌和错误安装，气瓶颜色标志见表 2-12。充装表 2-12 以外的气体时，其气瓶涂膜配色见表 2-13，再赋予相应的字样和色环即成某气体的气瓶颜色标志。

表 2-12　气瓶颜色标志

序号	充装气体名称	化学式	瓶色	字样	字色	色环
1	乙炔	$CH≡CH$	白	乙炔不可近火	大红	
2	氢	H_2	淡绿	氢	大红	$p=20$,淡黄色单环 $p=30$,淡黄色双环
3	氧	O_2	淡（酞）蓝	氧	黑	
4	氮	N_2	黑	氮	淡黄	$p=20$,白色单环 $p=30$,白色双环
5	空气		黑	空气	白	
6	二氧化碳	CO_2	铝白	液化二氧化碳	黑	$p=20$,黑色单环
7	氨	NH_3	淡黄	液化氨	黑	
8	氯	Cl_2	深绿	液化氯	白	
9	氟	F_2	白	氟	黑	
10	一氧化氮	NO	白	一氧化氮	黑	
11	二氧化氮	NO_2	白	液化二氧化氮	黑	
12	碳酰氯	$COCl_2$	白	液化光气	黑	
13	砷化氢	AsH_3	白	液化砷化氢	大红	
14	磷化氢	PH_3	白	液化磷化氢	大红	
15	乙硼烷	B_2H_6	白	液化乙硼烷	大红	
16	四氟甲烷	CF_4	铝白	氟氯烷 14	黑	
17	二氟二氯甲烷	CCl_2F_2	铝白	液化氟氯烷 12	黑	
18	二氟溴氯甲烷	$CBrClF_2$	铝白	液化氟氯烷 12B1	黑	

续表

序号	充装气体名称		化学式	瓶色	字样	字色	色环
19	三氟氯甲烷		$CClF_3$	铝白	液化氟氯烷 13	黑	
20	三氟溴甲烷		$CBrF_3$	铝白	液化氟氯烷 B1	黑	$p=12.5$，深绿色单环
21	六氟乙烷		CF_3CF_3	铝白	液化氟氯烷 116	黑	
22	一氟二氯甲烷		$CHCl_2F$	铝白	液化氟氯烷 21	黑	
23	二氟氯甲烷		$CHClF_2$	铝白	液化氟氯烷 22	黑	
24	三氟甲烷		CHF_3	铝白	液化氟氯烷 23	黑	
25	四氟二氯乙烷		$CClF_2-CClF_2$	铝白	液化氟氯烷 114	黑	
26	五氟氯乙烷		CF_3-CClF_2	铝白	液化氟氯烷 115	黑	
27	三氟氯乙烷		CH_2Cl-CF_3	铝白	液化氟氯烷 133a	黑	
28	八氟环丁烷		$\overline{CF_2CF_2CF_2CF_2}$	铝白	液化氟氯烷 C318	黑	
29	二氟氯乙烷		CH_3CClF_2	铝白	液化氟氯烷 142b	大红	
30	1,1,1-三氟乙烷		CH_3CF_3	铝白	液化氟氯烷 143a	大红	
31	1,1-二氟乙烷		CH_3CHF_2	铝白	液化氟氯烷 152a	大红	
32	甲烷		CH_4	棕	甲烷	白	$p=20$，淡黄色单环 $p=30$，淡黄色双环
33	天然气			棕	天然气	白	
34	乙烷		CH_3CH_3	棕	液化乙烷	白	$p=15$，淡黄色单环 $p=20$，淡黄色双环
35	丙烷		$CH_3CH_2CH_3$	棕	液化丙烷	白	
36	环丙烷		$\overline{CH_2CH_2CH_2}$	棕	液化环丙烷	白	
37	丁烷		$CH_3CH_2CH_2CH_3$	棕	液化丁烷	白	
38	异丁烷		$(CH_3)_3CH$	棕	液化异丁烷	白	
39	液化石油气	工业用		棕	液化石油气	白	
		民用		银灰	液化石油气	大红	
40	乙烯		$CH_2=CH_2$	棕	液化乙烯	淡黄	$p=15$，白色单环 $p=20$，白色双环
41	丙烯		$CH_3CH=CH_2$	棕	液化丙烯	淡黄	
42	1-丁烯		$CH_3CH_2CH=CH_2$	棕	液化丁烯	淡黄	
43	2-顺丁烯		$\begin{array}{c} H_3C-CH \\ \parallel \\ H_3C-CH \end{array}$	棕	液化顺丁烯	淡黄	
44	2-反丁烯		$\begin{array}{c} H_3C-CH \\ \parallel \\ HC-CH_3 \end{array}$	棕	液化反丁烯	淡黄	
45	异丁烯		$(CH_3)_2C=CH_2$	棕	液化异丁烯	淡黄	
46	1,3-丁二烯		$CH_2=(CH)_2=CH_2$	棕	液化丁二烯	淡黄	
47	氩		Ar	银灰	氩	深绿	
48	氦		He	银灰	氦	深绿	$p=20$，白色单环 $p=30$，白色双环
49	氖		Ne	银灰	氖	深绿	
50	氪		Kr	银灰	氪	深绿	

续表

序号	充装气体名称	化学式	瓶色	字样	字色	色环
51	氙	Xe	银灰	液氙	深绿	
52	三氟化硼	BF_3	银灰	氟化硼	黑	
53	一氧化二氮	N_2O	银灰	液化笑气	黑	$p=15$,深绿色单环
54	六氟化硫	SF_6	银灰	液化六氟化硫	黑	$p=12.5$,深绿色单环
55	二氧化硫	SO_2	银灰	液化二氧化硫	黑	
56	三氯化硼	BCl_3	银灰	液化氯化硼	黑	
57	氟化氢	HF	银灰	液化氟化氢	黑	
58	氯化氢	HCl	银灰	液化氯化氢	黑	
59	溴化氢	HBr	银灰	液化溴化氢	黑	
60	六氟丙烯	$CF_3CF{=}CF_2$	银灰	液化全氟丙烯	黑	
61	硫酰氟	SO_2F_2	银灰	液化硫酰氟	黑	
62	氘	D_2	银灰	氘	大红	
63	一氧化碳	CO	银灰	一氧化碳	大红	
64	氟乙烯	$CH_2{=}CHF$	银灰	液化氟乙烯	大红	$p=12.5$,深黄色单环
65	1,1-二氟乙烯	$CH_2{=}CF_2$	银灰	液化偏二氟乙烯	大红	
66	甲硅烷	SiH_4	银灰	液化甲硅烷	大红	
67	氯甲烷	CH_3Cl	银灰	液化氯甲烷	大红	
68	溴甲烷	CH_3Br	银灰	液化溴甲烷	大红	
69	氯乙烷	C_2H_5Cl	银灰	液化氯乙烷	大红	
70	氯乙烯	$CH_2{=}CHCl$	银灰	液化氯乙烯	大红	
71	三氟氯乙烯	$CF_2{=}CClF$	银灰	液化三氟氯乙烯	大红	
72	溴乙烯	$CH_2{=}CHBr$	银灰	液化溴乙烯	大红	
73	甲胺	CH_3NH_2	银灰	液化甲胺	大红	
74	二甲胺	$(CH_3)_2NH$	银灰	液化二甲胺	大红	
75	三甲胺	$(CH_3)_3N$	银灰	液化三甲胺	大红	
76	乙胺	$C_2H_5NH_2$	银灰	液化乙胺	大红	
77	二甲醚	CH_3OCH_3	银灰	液化甲醚	大红	
78	甲基乙烯基醚	$CH_2{=}CHOCH_3$	银灰	液化乙烯基甲醚	大红	
79	环氧乙烷	$\underset{\underline{\quad\quad}}{CH_2OCH_2}$	银灰	液化环氧乙烷	大红	
80	甲硫醇	CH_3SH	银灰	液化甲硫醇	大红	
81	硫化氢	H_2S	银灰	液化硫化氢	大红	

注：色环栏内的 p 是气瓶的公称工作压力，单位为 MPa。

表 2-13　气瓶涂膜配色类型

充装气体类别		气瓶涂膜配色类型		
		瓶色	字色	环色
烃类	烷烃	棕	白	白
	烯烃		淡黄	
稀有气体类		银灰	深绿	
氟氯烷类		铝白	可燃气体:大红 不燃气体:黑	深绿
剧毒类		白		无机气体:深绿 有机气体:淡黄
其他气体		银灰		

4. 气瓶的存放及安全使用

① 气瓶必须存放在阴凉、干燥、远离热源的房间，并且要严禁明火，防暴晒。除不可燃性气体外，一律不得进入实验楼内。

码2-20　气瓶的使用

② 使用气瓶时要直立固定放置，防止倾倒。

③ 搬运气瓶应轻拿轻放，防止摔掷、敲击、滚动或剧烈震动。搬运前瓶嘴戴上安全帽，以防不慎摔断瓶嘴发生事故。钢瓶必须具有两个橡胶防震圈。乙炔瓶严禁横卧滚动。

④ 使用期间的气瓶应定期进行检验，不合格的气瓶应报废或降级使用。

⑤ 气瓶的减压阀安装时螺扣要上紧（应旋进 7 圈螺纹，俗称"吃七牙"），不得漏气。开启高压气瓶时，操作者应站在气瓶出口的侧面，动作要慢，以减小气流摩擦，防止产生静电。

⑥ 易发生聚合反应的气体钢瓶，如乙炔、乙烯等，应在储存期限内使用。

⑦ 氧气瓶及其专用工具严禁与油类物质接触，操作人员也不能穿戴沾有油脂或油污的工作服、手套进行工作。

⑧ 装有可燃气体的钢瓶，如氢气瓶等与明火的距离不应小于 10m。

⑨ 瓶内气体不得全部用尽，一般应保持 0.2～1MPa 的余压（备充气单位检验取样所需及防止其他气体倒灌）。

⑩ 气瓶使用前应进行安全状况检查，注意气瓶上漆的颜色及标字，对盛装气体进行确认。

⑪ 严禁在气瓶上进行电焊引弧，不得进行焊接修理。

⑫ 液化石油气瓶用户，不得将气瓶内的液化石油气向其他气瓶倒装，不得自行处理气瓶内的残液。

⑬ 气瓶必须专瓶专用，不得擅自改装，以免性质相抵触的气体相混发生化学反应而爆炸。

⑭ 气瓶使用的减压阀要专用，氧气气瓶使用的减压阀可用在氮气或空气气瓶上，但用于氮气气瓶的减压阀如用在氧气瓶上，必须将油脂充分洗净再用。

5. 气瓶检验色标

① 气瓶检验钢印标志上应按检验年份涂检验色标。检验色标的式样见表 2-14，10 年一循环。小容积气瓶和检验标志环的检验钢印标志上可以不涂检验色标。

② 公称容积 40L 气瓶的检验色标，矩形约为 80mm×40mm。椭圆形的长短轴分别约为 80mm 和 40mm。其他规格的气瓶，检验色标的大小宜适当调整。

表 2-14　气瓶检验色标的涂膜颜色和形状

检验年份	颜色	形状	检验年份	颜色	形状
2009 年	深绿	矩形	2015 年	粉红	
2010 年	粉红		2016 年	铁红	
2011 年	铁红		2017 年	铁黄	
2012 年	铁黄	椭圆形	2018 年	淡紫	矩形
2013 年	淡紫				
2014 年	深绿		2019 年	深绿	

（八）化验室外伤的救治

化验室外伤是指意外受到的烧伤、创伤、冻伤和化学灼伤等。

码2-21　化验室
外伤的救治（一）

码2-22　化验室
外伤的救治（二）

1. 化学灼伤的救治

化学灼伤是操作者的皮肤触及腐蚀性化学试剂所致。这些试剂包括：强酸类，特别是氢氟酸及其盐；强碱类，如碱金属的氢化物、浓氨水、氢氧化物等；氧化剂，如浓的过氧化氢、过硫酸盐等；某些单质，如溴、钾、钠等。

常见的化学灼伤救治方法如下：

（1）碱类（氢氧化钠、氢氧化钾、氨、碳酸钾等）　立即用大量水冲洗，然后用 2%乙酸溶液冲洗，或撒敷硼酸粉、用 2%硼酸水溶液洗。

（2）碱金属氰化物、氢氰酸　先用高锰酸钾溶液冲洗，再用硫化铵溶液冲洗。

（3）溴　用 1 体积 25%氨水＋1 体积松节油＋10 体积 95%乙醇的混合液处理。

（4）氢氟酸　用大量冷水冲洗直至伤口表面发红，然后用 5% $NaHCO_3$ 溶液洗，再以 2：1 甘油与氧化镁悬浮液涂抹，用消毒纱布包扎，或用冰镇乙醇溶液浸泡。

（5）铬酸　先用大量水冲洗，再用硫化铵稀溶液冲洗。

（6）黄磷　立即用 1%硫酸铜溶液洗净残余的磷，再用 0.01% $KMnO_4$ 溶液湿敷，外涂保护剂，用绷带包扎。

（7）苯酚　先用水冲洗，再用 4：1 的乙醇（70%）-氯化铁（1mol/L）混合溶液洗。

（8）硝酸银　先用水冲洗，再用 5%碳酸氢钠溶液洗，涂上油膏及磺胺粉。

（9）酸类（硫酸、硝酸、盐酸等）　先用大量水冲洗，再用碳酸氢钠溶液冲洗。

（10）硫酸二甲酯　不能涂油和包扎，让灼伤处暴露外面任其挥发。

眼睛一旦被化学药品灼伤，应立即用流水缓慢冲洗。如果是碱灼伤，再用 4%硼酸或 2%柠檬酸溶液冲洗；如果是酸灼伤，可用 2%碳酸氢钠溶液冲洗，然后送至医院进行诊治。

2. 烧伤的救治

烧伤包括烫伤及火伤。急救的目的在于减轻疼痛的感觉和保护皮肤的受伤表面不受感染。

（1）烧伤分度　按烧伤轻重程度可分为一度烧伤、二度烧伤和三度烧伤。

一度烧伤只损伤表皮，皮肤发红、灼痛、无水泡；二度烧伤皮肤苍白、带灰色、真皮坏死、起水泡、水肿疼痛；三度烧伤皮肤全层及深部组织一并烧伤，凝固性坏死，颜色灰白，失去弹性，痛觉消失，表面干燥。

（2）烧伤的救治　迅速将伤者救离现场，扑灭身上的火焰，再用自来水冲洗掉烧坏的衣服，并慢慢地用剪刀剪除或脱去没有被烧坏的部分，注意避免碰伤烧伤面，对于轻度烧伤的伤口可用水洗除污物，再用生理盐水冲洗，并涂上烫伤油膏（不要挑破水泡），必要时用消毒纱布轻轻包扎予以保护，对于面积较大的烧伤要尽快送至医院治疗，不要自行涂敷油膏，以免影响医院治疗。

3. 冻伤处理

化验室人员的冻伤多数是使用液化气体或深冷设备方法不当，由冷冻剂等造成的伤害。

轻度冻伤会使皮肤发红，并有不舒服的感觉，但经过数小时后就会恢复正常；中等程度的冻伤会产生水泡，严重的冻伤会使伤处溃烂。

处理冻伤常用的方法是将冻伤部位浸入 40～42℃ 的温水中浸泡，或用温暖的衣物、毛毯等包裹，使伤处温度回升。对于没有热水或冻伤部位不便浸水（如耳朵等）部位，可用体温将其暖和。严重冻伤经上述处理仍得不到恢复的，应送至医院治疗。

4. 创伤处理

创伤主要是来自机械和玻璃仪器破损造成的伤害。常见的创伤有割伤、刺伤、撞伤、挫伤等。

处理创伤常用的方法是用消毒镊子或消毒纱布机械地把伤口清理干净，然后用碘酊擦抹伤口周围（碘酊具有消毒作用，也可以使毛细管止血），对于创伤较轻的毛细管出血，伤口消毒后即可用止血粉外敷，最后用消毒纱布包扎处理。

创伤后不论是毛细管出血（渗出血液，出血少）、静脉出血（暗红色血，流出慢），还是动脉出血（喷射状出血，血多），都可以用压迫法止血，即直接压迫损伤部位进行止血。注意：由玻璃碎片造成的外伤，必须先除去碎片，否则当压迫止血时，碎片也被压深，这会给后期处置带来麻烦。

5. 苏生法

所谓苏生法是对处于假死状态的患者施行人工操作，以抢救将要失去的生命为目的的急救方法之一。

（1）口对口人工呼吸法　将患者仰卧，若口中有异物或呕吐物，先把它除去，使呼吸道畅通，救护者先将患者头向后仰，一只手闭合患者的鼻子，也可以用手帕盖着患者的嘴和鼻，救护者用嘴紧贴患者嘴，大口吹气（约 2s），然后放松，重复进行，每分钟 10～12 次，如图 2-4 所示。

(a) 头部后仰　　　(b) 捏鼻掰嘴　　　(c) 贴近吹气　　　(d) 放松换气

图 2-4　人工呼吸（口对口）

（2）心脏按压法　在患者突然失去知觉、停止呼吸或呼吸急速、发生痉挛的场合，以及摸不到脉搏，瞳孔散大，怀疑心脏停止搏动时，可采用心脏按压法进行抢救。方法要点是救护者跪在患者一侧，两手相叠，掌根放在患者心窝稍高的地方，手肘不要弯曲，掌根用力向下按压至少 5cm，按压后掌根迅速放松，让患者胸部自动复原（放松时掌根不必完全离开胸部），每分钟不低于 100 次，如图 2-5 所示。儿童患者可单手按压。

6. X 射线的防护

X 射线被人体组织吸收后，对健康是有害的。如果长期接触，轻者造成局部组织灼伤，

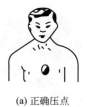
(a) 正确压点

(b) 叠手姿势

(c) 向下按压

图 2-5　人工心脏按压

重者可造成白细胞下降、毛发脱落。发生严重的射线病是由放射线引起的伤害，目前无适当的治疗方法。因此，在实际工作中主要是以预防为主。

预防射线最基本的原则是防止身体各部（特别是头部）受到射线照射，尤其是受到射线的直接照射。因此，操作者要注意在 X 光管窗口附近用铅皮（厚度大于 1cm）挡好，射线尽量限制在一个局部小范围内，不让它散射到整个房间。在进行操作时，操作者应戴上防护用具，所站的位置应避免射线直接照射，操作完用铅屏把人与 X 光机隔开，暂时不工作时应关好窗口。射线室内要保持高度的清洁，经常用吸尘器或潮湿的拖布拖拭，室内应保持良好的通风，以减少由于高电压和射线电离作用产生的有害气体对人体的影响。

（九）安全标志与危险化学品标志

标志对提醒人们注意不安全因素、防止事故发生起着积极的作用。

1. 常见安全标志

安全标志是用以表达特定安全信息的标志，由图形符号、安全色、几何形状（边框）或文字构成。

安全标志分为禁止标志、警告标志、指令标志和指示标志四大类型。

（1）禁止标志　禁止标志的含义是禁止人们不安全行为的图形标志。禁止标志的基本形式是带斜杠的圆形边框，例如：

禁止用水灭火　　禁止吸烟　　禁止带火种　　禁止放易燃物

禁止触摸　　禁止入内　　禁止停留　　禁止靠近

禁止通行　　禁止穿化纤服装　　禁止穿带钉鞋　　禁止饮用

禁止烟火　　　　　　禁止启动　　　　　　禁止跨越　　　　　　禁止合闸

（2）警告标志　警告标志的基本含义是提醒人们对周围环境引起注意，以避免可能发生危险的图形标志。警告标志的基本形式是正三角形边框，例如：

注意安全　　　　　　当心火灾　　　　　　当心爆炸　　　　　　当心腐蚀

当心中毒　　　　　　当心触电　　　　　　当心电缆　　　　　　当心机械伤人

当心扎脚　　　　　　当心绊脚　　　　　　当心落物　　　　　　当心坑洞

（3）指令标志　指令标志的含义是强制人们必须做出某种动作或采取防范措施的图形标志。指令标志的基本形式是圆形边框，例如：

必须戴防护眼镜　　　必须戴防毒面具　　　必须戴防尘口罩　　　必须戴护耳器

必须戴安全帽　　　　必须戴防护帽　　　　必须戴防护手套　　　必须穿防护鞋

（4）指示标志　指示标志的含义是向人们提供某种信息（如标明安全设施或场所等）的

图形标志。指示标志的基本形式是正方形边框，例如：

紧急出口　　　　　　可动火区　　　　　　避险处　　　　　提示目标方向

2. 常见危险化学品标志

常见危险化学品标志如下。

爆炸性物质或物品　　　　易燃气体　　　　非易燃无毒气体　　　　毒性气体

易燃液体　　　　　　易燃固体　　　　易于自燃的物质　　遇水放出易燃气体的物质

氧化性物质　　　　有机过氧化物　　　　毒性物质　　　　　感染性物质

   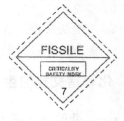

一级放射性物质　　二级放射性物质　　三级放射性物质　　裂变性物质

腐蚀性物质　　　杂项危险物质和物品

标志的使用原则及方法：当一种危险品具有一种以上的危险性时，应用主标志表示主要危险性类别，并用副标志表示重要的其他危险类别，使用方法按 GB 190 的有关规定执行。

（十）安全生产警句

① 安全创造幸福，疏忽带来痛苦，安全就是效益，安全就是幸福。

② 事故教训是镜子，安全经验是明灯，一人把关一处安，众人把关稳如山。

③ 为了您全家幸福，请注意安全生产。为了您和他人安全，处处时时注意安全。

④ 秤砣不大压千斤，安全帽小救人命。快刀不磨会生锈，安全不抓出纰漏。

⑤ 晴带雨伞饱带粮，事故未出宜先防。细小的漏洞不补，事故的洪流难堵。

⑥ 君行万里，一路平安。遵规守纪，防微杜渐。

⑦ 防事故年年平安福满门，讲安全人人健康乐万家。健康的身体离不开锻炼，美满的家庭离不开安全。

⑧ 船到江心补漏迟，事故临头后悔晚。常添灯草勤加油，常敲警钟勤堵漏。

⑨ 安全管理完善求精，人身事故实现为零。安全来自长期警惕，事故源于瞬间麻痹。

⑩ 补漏趁天晴，防贼夜闭门。事故防在先，处处保平安。

⑪ 安全要讲，事故要防，安不忘危，乐不忘忧。

⑫ 不怕千日紧，只怕一时松。疾病从口入，事故由松出。

⑬ 绳子总在磨损地方折断，事故常在薄弱环节出现。

⑭ 遵章守纪阳光道，违章违制独木桥，寒霜偏打无根草，事故专找懒惰人。

⑮ 安全编织幸福的花环，违章酿成悔恨的苦酒。

⑯ 安全是职工的生命线，职工是安全的负责人。

⑰ 雪怕太阳草怕霜，办事就怕太慌张。绊人的桩不在高，违章的事不在小。

⑱ 安全不能指望事后诸葛，为了安全须三思而后行。

⑲ 万人防火不算多，一人失火了不得。麻痹是火灾的兄弟，警惕是火灾的克星。

⑳ 使人走向深渊的是邪念而不是双脚，使人遭遇不幸的是麻痹而非命中注定。

㉑ 安全是生命之本，违章是事故之源。

㉒ 安全是遵章者的光荣花，事故是违章者的耻辱碑。安全与效益是亲密姐妹，事故与损失是孪生兄弟。

㉓ 安全生产你管我管，大家管才平安。事故隐患你查我查，人人查方安全。

㉔ 安全法规血写成，违章害己害亲人。

㉕ 多看一眼，安全保险。多防一步，少出事故。

三、化验室文明卫生

（一）化验室文明卫生的意义

化验室文明卫生的建设是保证检验结果准确性的基石，因为没有人相信会在一个环境卫生条件很差的化验室里能够做出可信度高的分析结果。原因何在？这主要是化验室客观存在的不利影响因素所致。例如天平室内湿度过大，会对天平的灵敏度及其他的性能指标产生严重影响，势必导致称量误差增大，影响分析结果准确度。再如尘埃的存在，会给高精度的分析实验带来许多影响，轻者使实验失败，重者会导致得出错误的结论。又如化验室中存放的一些化学危险品，由于管理不当而泄漏或逸出，不仅对分析仪器和设备有侵蚀作用，而且还会给人身健康带来不同程度的损害，甚至会引起火灾和爆炸等。因此，搞好化验室文明卫生建设，消除一切不利于测试工作的影响因素，是化验室工作人员义不容辞的职责。

（二）化验室文明卫生的具体要求

1. 天平室

① 天平室要做到防振、防灰尘、防污染、防噪声和防阳光。

② 设专人管理，有卫生专责制。

③ 室内温度应保持在 $20\sim25℃$，相对湿度在 $50\%\sim70\%$。

④ 室内布局合理，物有定位，严禁放入其他物品。

⑤ 做到窗明几净，擦地用的拖布应拧干后再拖地，以防潮湿。

⑥ 天平室内不准大声喧哗和吵闹，走路和开关门要轻，不要产生剧烈的震动。

⑦ 室内安全消防卫生设施齐全。

2. 精密仪器室

① 精密仪器室要专人负责。

② 设备装置放在固定的工作台上，并按设备仪器的性能固定位置布局合理，摆放整齐，使精密仪器及台面保持清洁。

③ 设备仪器防止阳光直射，防止灰尘，不使用时盖上仪器罩。干燥剂应按时更换。

④ 仪器的电源电压与实际使用电压相符，有接地线（零线）。

⑤ 室内无灰尘、无死角，管线无泄露，窗明几净。

⑥ 精密仪器室，非工作人员禁入。与检测无关的任何物品不许带入室内。

⑦ 仪器无破损，标签符号无脱落，各种工具备件齐全。

3. 标准溶液室

① 标准溶液室应远离污染源和生产现场，防止对溶液制备工作的干扰与污染。

② 溶液制备人员工作前后必须洗手，工作时必须穿戴工作服。

③ 室内不准带入与溶液制备无关的任何物品及进行与工作无关的其他活动。

④ 室内达到窗明几净，地面无积水和污物，管线无泄露，设备无垢尘。

⑤ 废液及废弃物处理应符合国家排放标准的规定。

⑥ 室内卫生有专人负责，安全、消防与卫生设施齐备好用。

4. 样品室

① 样品室内做到窗明几净，样品柜上下无灰尘、积水和污物。

② 保留的样品要按其性质分类，并按日期、批次定位，摆放整齐，贴有标签。

③ 室内通风良好，并保持一定温度（$15℃$、$20℃$，易燃样品储存温度可略低）。

④ 石油化工产品封好，避免潮湿和挥发，标签项目填写齐全。特殊样品和危险样品都要按照有关管理规定执行。

5. 检验室

① 检验室内的仪器设备、药品、用具等摆放整齐，布局合理。

② 室内做到窗明，台面清洁，地面无积水和杂物，卫生由专人负责。

③ 仪器设备要专人负责，其他人员未经允许不得乱动。

④ 检验人员工作前必须穿好工作服，检验室内不会客、不打闹、不吸烟、不吃东西，不许进行与工作无关的活动。

⑤ 检验室内存放的药品应按有关规定执行。对有毒药品设专人保管（采用五双制度：双人保管、双人收发、双人领样、双本账、双锁）。

⑥ 检验工作中的废气、废渣、废液应按国家有关排放标准规定执行。

⑦ 室内安全、消防及卫生设施齐全。

6. 加热室

① 加热室内无灰尘、窗明、台面整洁，地面无积水和杂物。

② 设备有专人负责，摆放有序。加热室内不准存放易燃易爆物品或在加热设备附近安装精密仪器。

③ 室内通风良好，安全消防等设施完好无损。

7. 更衣室

① 更衣柜规格尽可能一致，色调统一，摆放整齐，上下无杂物，无灰尘。

② 衣柜内衣物及物品摆放整齐。

③ 更衣室门窗完整，无蜘蛛网，无死角。

④ 更衣室应建立安全管理制度，做到人走灯熄，门窗关好。

⑤ 卫生要有专人负责。

⑥ 室内安全、消防、卫生设施齐全好用。

化验室负责人应亲自抓好文明卫生工作，一个清洁、文明、布局合理的化验室会给人以生机勃勃、奋发向上的活力，有利于检验工作的开展。

任务小结

化验室的环境	化验室环境的管理	化验室的位置	
		化验室的环境	
		化验室的人员	
	维持与控制	维持的作用是使与检验工作相关的各种因素始终保持着一个优良的状态，具有经验性的特征	
		控制的主要作用是在依据标准的前提下，通过监督与纠偏的方法有效地完成检验工作的过程，具有监管性的特征	
	质量工作区域的控制	有明显标识，引起人们注意	
化验室的环境条件与安全管理	化验室安全技术	化验室安全守则	安全守则及安全作业证制度
		化验室潜藏的危险因素	(1)潜藏危险的客观因素 (2)潜藏危险性的分类：爆炸危险性；中毒危险性；触电危险性；割伤、烫伤和冻伤危险性；射线危险性
		化验室的防火、防爆与灭火	(1)常见易燃易爆物质 (2)化验室的防火和防爆措施：预防加热过程着火；预防化学反应过程着火或爆炸 (3)化验室的灭火
		常见化学毒物的中毒和急救方法	(1)中毒和毒物的分级 (2)中毒的预防 (3)常见毒物的中毒症状和急救方法
		化验室废弃物的处理	(1)废气处理 (2)废液处理 (3)废渣处理
		化验室常用电器设备及安全用电	(1)电热设备 (2)其他电气设备 (3)电气安全：电击防护和静电防护 (4)使用电气设备的安全规定

续表

化验室的环境条件与安全管理	化验室安全技术	气瓶的安全使用	(1)气瓶与减压阀 (2)气瓶内装气体的分类 (3)气瓶颜色标志 (4)气瓶的存放及安全使用 (5)气瓶检验色标
		化验室外伤的救治	化学灼伤、烧伤的救治;冻伤、创伤的处理;苏生法;X 射线的防护
		安全标志与危险化学品标志	(1)常见安全标志:禁止、警告、指令、提示 (2)常用危险化学品标志(主标志、副标志)及标志的使用
		安全生产警句	
	化验室文明卫生	化验室文明卫生的具体要求	

任务四　管理化验室的样品

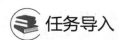 任务导入

　　某检测中心抽取一批阿司匹林药片进行微生物检定,从样品抽取到样品的储存环节,需要将该批阿司匹林药片与其他样品分开吗?

 任务目标

知识目标:
1.了解化验室样品管理的目的、职责;
2.掌握样品标识的重要性、方法和标识管理的优点;
3.掌握样品储存及留样管理的要求;
4.掌握化验室样品管理流程。

能力目标:
1.能对化验室采集的样品进行正确的识别和储存;
2.能按照样品管理流程对化验室样品进行正确的管理。

思政目标:
1.培养安全环保意识;
2.培养标准、规范、精准的工匠精神。

　　化验室样品管理一直是化验室管理的关键部分,样品管理是为了保证检测数据的真实有效性。样品管理水平的高低,能够体现化验室管理的整体水平以及检测权威。需要对化验室样品实行制度化、程序化、规范化的管理流程,确保样品的质量。样品管理工作十分细小琐碎,有很多细节需要注意。在管理过程中,需要一定的耐心,经过日积月累获得更多的经验,全面提高样品管理工作的效果,加强化验室样品管理对机构计量认证、行业认证,化验室自身能力建设,以及化验室管理水平的提高至关重要。

一、样品

　　分析检验的首项工作就是从大量分析对象中抽取一部分分析材料供分析化验用,这些分析材料即样品。

样品可分为检样、原始样和平均样。

(1) 检样　从分析对象的各个部分采集的少量物质。

(2) 原始样　把许多份检样综合在一起。

(3) 平均样　原始样经处理后，再采取其中一部分供分析检验用的样品。

二、化验室的样品管理

（一）目的

样品的代表性、有效性和完整性将直接影响检测结果的准确度，为了保证分析数据、样品的准确性和具有可追溯性，必须对样品的取样、储存识别以及样品的处置等各个环节实施有效的控制，确保检验结果准确、可靠，便于抽查、复查，满足监督管理要求。

（二）职责

(1) 质量检测中心负责分析测试化验室样品管理。

(2) 化验室样品技术管理人员负责按照样品取样的程序按时到指定地点进行取样，并记录取样接收时的样品状态，做好样品的标识以及样品储存、流转、处置过程中的质量控制。

(3) 化验室检测人员接收到样品后应对制备、测试、传递过程中的样品加以防护。

(4) 化验室样品技术管理人员负责对检测室样品管理情况进行督查，质量控制主管对样品管理承担管理职责。

（三）采样的管理要求

(1) 采样人员要严格按规定实施取样操作，保证所取的样品具有代表性和真实性。

(2) 采样前，根据物料的性质准备取样工具和采取相应的安全防护措施，尤其对于有毒或危险品的采样，必须预先充分了解样品的理化性质，操作时必须进行自我防护，保证人身安全。

(3) 采样时应从上、中、下（或里、中、外）部位取样，综合后做好取样记录，贴好样品标签。标签内容包括：样品名称、来源、采样日期和时间、采样人等。

(4) 取样工作完毕后进行化验，并做好化验原始记录。

(5) 化验合格后，所采取的样品应立即进行分析或封存，以防氧化变质和污染。如不合格应重新取样化验，不合格样品应及时报告上级领导并按领导指示及相关规定处理。

(6) 生产现场取样必须通知现场管理人员，并要求一同前往取样点，由现场管理人员协助取样。

（四）样品的标识

实现高效、便捷的样品管理，建立科学的样品标识系统是核心和关键，它为每个样品赋予识别和记录的唯一标记，也就是样品的身份证明。有了科学的标识管理，再也不用为弄混样品而烦恼了。

1. 样品标识的重要性

标识是信息传递的一种重要手段，例如：对于有追溯性要求的要素，需有唯一性的标识以便于追溯；对受控对象加以标识可使受控的状态明确；为使环境物品整洁有序，提高工作效率，减少差错，可进行定制标识；危险标识、操作警示等使员工能正确操作，避免危险等。

为了使样品在接收、处理、保管、检测等各环节汇总，保持其完整性，防止不同样品和不同检测状态样品发生混淆的现象，并保护化验室利益，化验室需加强对样品标识的管理。

2. 样品标识的功能

标识是以文字、数字、符号、图案及颜色等形式体现的，是能够清楚鲜明地表明对象或过程的质量、数量、特性、要求和状态等的一种信息载体。标识常用的方法有记录、卡、标签、标牌、图标、印章等。标识具有识别、定位、导向、提示、警示、说明的功能，它的特点是及时、简明、直观、易于目视。

3. 样品标识管理的优点

① 标识管理是以人为本的管理方法，可使工作人员在短时间内知道程序的要求。

② 标识形象直观，容易认读和识别，简化管理，使工作有序，减少差错，有利于降低管理成本，提高工作效率。

③ 标识可作为证据或依据，标识管理是源头管理，完整规范的标识是实现追溯的手段。

④ 标识管理透明度高，为目视管理、自主管理创造了条件，便于现场人员默契配合、互相监督，发挥激励作用。

⑤ 标识具有安全保障作用。

4. 样品的识别

① 样品的识别包括不同样品的区分识别和样品不同检测状态的识别。

② 样品区分识别号可贴在样品上或贴（写）在样品包装物上。识别号由收样部门统一编排。

③ 样品所处的检测状态，用"待检""在检""检毕""留样"标签加以识别。

④ 样品在不同的检测状态，或样品在接收、制备、流转、储存和处置等阶段，应根据样品的不同特点和不同要求，如样品的物理状态、样品的备样要求（如分样或混样）、复检样要求、样品形状及大小、样品制备、加工及分解要求、样品的包装状态和其他有特殊要求的样品，根据检测活动的具体情况，做好样品标识的转移工作，以保持清晰的样品识别号，保证各检测室内样品编号方式的唯一性和必要时的可追溯性。

5. 标签标识问题和解决方法

化验室应具有检测和校准物品的标识系统。化验室通常都会设计样品标签来标识样品，有条件的化验室甚至采用条形码的方法来标识。不过在使用标签或条形码标识样品时会遇到如下的问题：

① 使用标签或条形码标识系统不仅仅是给样品分配一个唯一性编号，样品有了唯一性编号可以避免在文件中出现混淆，但为避免实物出现混淆，还需要清楚地标识出样品的目前状态，比如待检、检测中、检测完成等，对于要顺序开展多个试验的样品，甚至还需要清晰地标识哪些试验项目已经完成等信息。

② 如果试验样品体积较小或试验环境十分恶劣，会导致样品标签或条形码无法粘贴到样品上，或在试验过程中发生标签脱落丢失的情况，但这些样品无法有效地标识会导致产生混淆。

解决方法：

① 如果化验室的样品体积足够大，建议设计能够容纳较多信息的样品标签，标签上除了标注样品的编号和基本信息外，还可以留出空间让化验室检测操作人员能够在检测过程中实时地标注样品的状态，比如标注哪些检测项目已经完成。如果无法做到上述要求，建议建立每个样品的检测历史记录表，通过记录表的内容可以清楚地了解样品的状态，也就是将标签和记录表结合在一起作为样品的标识系统。

② 如果样品体积太小或试验环境恶劣，无法有效进行标识时，建议建立样品分配表和样品的检测历史记录表来作为样品的标识系统，样品分配表是为了将样品的编号与样品对应而建立的记录表格，通常即使体积再小的样品，在其生产时也会有相应的且唯一的产品编

号，将该产品编号与试验过程中的编号对应起来而建立的表格就是样品分配表，如果样品没有产品编号又体积特别小，那么可以由化验室人员在可能的空间上对样品灵活进行唯一性标识，然后同样地将该标识和化验室检测过程的编号相对应建立分配表，同时结合样品的检测历史记录表来建立样品的标识系统，从而避免实物的混淆。

（五）样品的储存

① 化验室应有专门且适宜的样品储存场所，并配备样品间及样品柜（架）。样品间由专人负责，限制出入。样品应分类存放，标识清楚，做到账物一致。样品储存环境应安全、无腐蚀、清洁干燥且通风良好。

② 对要求在特定环境条件下储存的样品，应严格控制环境条件，环境条件应定期加以记录。

（六）留样管理要求

企业按规定保存的、用于产品质量追溯或调查的物料、产品样品属于留样。用于产品稳定性考察的样品不属于留样。

① 样品的保留由样品的分析检验岗位负责，在有效保存期内要根据保留样品的特性妥善保管好样品。

② 保留样品的容器（包括口袋）要清洁，必要时密封以防变质，保留的样品要做好标识，要按批次或先后顺序摆放整齐，以便查找。

③ 样品保留量要根据样品全分析用量而定，不少于两次全分析用量，一般液体为200mL，固体成品或原料保留300g。

④ 过程控制分析样品一律保留至下次取样，特殊情况保留24h。

⑤ 外购原材料、样品保留半年。

⑥ 成品样品：液体一般保留三个月，固体一般保留半年。

⑦ 样品过保存期后，根据其质量变坏程度观察，并做出清理。如留样期满产品已变质，应做报废处理。

⑧ 留样间管理要求

a.留样间要通风、避光、防火、防爆、专用。

b.留样瓶、袋要封好口，标识清楚、齐全。

c.样品要分类、分品种有序摆放。

d.保持留样间卫生清洁，样品室由化验员管理。

三、样品管理流程

1.样品的采集

样品应具有代表性，以样品的结果说明总体的情况，对总体作出结论。采样遵循如下原则：

（1）代表性　采样时应特别注意克服和消除各种因素的影响，使样品最大限度地接近总体情况，保证样品对总体有充分的代表性。

（2）可获性　某些情况下，样品可能不具备代表性，而是由其可获性所决定。

（3）公正性　采样必须保证公正，由具有资格的人员（接受过采样培训且考核合格的人员）进行。必要时在现场与受检单位陪同人员一起签封，并做好现场采样记录。填写样品采集记录表，双方签字确认。

2.样品的接收

样品的接收是整个样品检测工作最重要的一步。样品的接收必须由专门的样品接收员来完成。当接收样品时，样品接收员需要和送样人一同对样品进行各项基本数据的核对，再详细记录样品的各项数据，保证样品的原装性。同时，对样品进行初步观察，确认是否能够进行检测。最后，详细填写好样品接收记录。

3. 样品的标识

当样品被接收后，需要先把样品放在待检区，再对样品进行标识，样品的标识应放置在明显醒目又不妨碍检验的地方。样品标识的基本内容包含样品的名称、编号、规格和状态等，样品标识上的文字必须清晰可见、简单明了，不会因标识的不清楚而造成样品的混淆。样品的标识是唯一能辨别样品的标签，需要存在于样品流通的整个过程中。

4. 样品的确认

当样品管理员对样品进行基本性能标识和记录后，应由检验人员对样品进行确认。检验人员需凭有效凭证，到样品库取到样品，并仔细填写样品流通证。当检验人员收到样品后，需立即对样品的基本情况进行确认，其中包括样品本身状态、是否符合对应的检测方法以及是否符合送检方的基本描述。如果发现样品本身状态不正常，样品和送检方描述不同，或对对应的检测内容描述不全面等情况，检验人员需记录出现的所有问题，和送检方沟通好，待疑问都消除后，才能开始检验。

5. 样品的流通

当样品进行流通时，样品上的标识将是唯一可以辨别样品的根据。在样品检验的每个步骤，样品上的标识都不能被破坏，无论什么情况下都不能任意改变或勾画样品上的标识，检验记录中也一直记载样品的原始编号。当样品被加工、处理、测试和流通时，需要有效保护样品，使样品远离有害源。当检测完成后，检验人员要立即清洁好样品，送到样品储存库，由专门人员进行样品的核对和登记。

6. 样品的储存

化验室需要设置特定的适合样品储存的地方。对于不同种类的检测样品，应做到分类放置，标识一目了然，记录和实物一致。样品的储存环境需要保证样品的安全，做到无污染、无腐蚀、干燥通风。针对特定的样品，需要在特殊环境下和条件下储存，需要严格把控环境指数，做好详细的记录。检测人员在进行样品的储存时，应保证样品的安全性以及完整性。对于易燃、易爆和有毒等危险品需要特定存放，远离其他样品，并做好醒目的标识。

7. 样品的处理

当样品检测完毕后，需要进行分类，参照不同种样品各自的规范、规程和处理意见书进行适当的处理。如果检测客户需要将样品取回，也必须严格遵从样品处理规范中的规定进行样品的取回，如果样品存储一定期限后再由客户取回，需要经过申请、审核和批准后才可以取回。如果样品已经过了保存期，就需要化验室和送检单位进行沟通，共同处理样品。在样品进行处理时，管理员要做好记录。

8. 样品的安全

样品管理的每一步，尤其是对样品的检测、储存和处理，都需要严格遵守保密制度，加强对样品相关信息的保密工作。储存的样品无特别指令不能随意动用，对于有特别指令的样品，需要满足相关要求，确保达标。同时，在样品接收、流转、储存、处理和信息管理等步骤，需采取相应的防护措施，保证样品不被破坏，机密信息不会泄露。

化验室样品管理流程见图2-6。

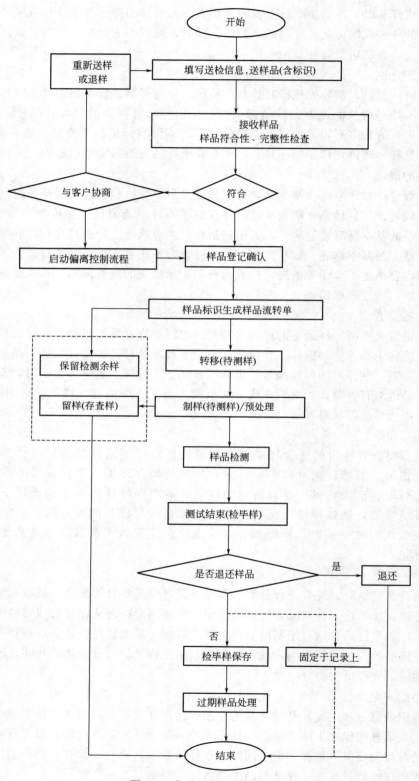

图 2-6　化验室样品管理流程

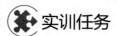 **任务小结**

化验室的样品管理	样品		分析检验的首项工作就是从大量分析对象中抽取一部分分析材料供分析化验用,这些分析材料即样品。样品可分为检样、原始样和平均样
	化验室的样品管理	目的	确保检验结果准确、可靠
		职责	
		采样的管理要求	
		样品的标识	(1)样品标识的重要性 (2)样品标识的功能 (3)样品标识管理的优点 (4)样品的标识 (5)标签标识问题和解决方法
		样品的储存	
		留样管理要求	
	化验室样品管理流程		样品的采集→样品的接收→样品的标识→样品的确认→样品的流通→样品的储存→样品的处理→样品的安全

实训任务

考察化学试剂中转站

任务导入

某高校申请获批后购买了 10 瓶 2500mL 浓硫酸用于学生实验,是否可以直接存放于需用浓硫酸的实验室?

任务目标

知识目标:

1.掌握化学试剂的分类和管理方法;

2.掌握化学试剂领用流程。

能力目标:

1.能辨别化学试剂的代号和标签颜色;

2.能识别化学试剂储存室中的危险化学品试剂;

3.能按操作规程领用化学试剂。

思政目标:

1.树立社会责任感和使命感,坚持认真负责的原则,规范自身行为准则;

2.培养职业道德意识,渗透安全环保、可持续发展理念,培养环保素养、安全意识。

实地考察学校或企业的情况,并完成以下实训任务单。

_____化学试剂中转站考察报告

班级:　　　组号:　　　学号:　　　姓名:　　　时间:

地点	内　容　要　求		
化学试剂中转站	1.辨别学校化学试剂中转站的化学试剂代号和标签色。		
	类别	代号	标签色

地点	内　容　要　求
化学试剂中转站	2.危险化学品管理有严格的"五双"制度,具体为: 3.辨别出化学试剂中转站以下5种类型的典型物质。 _见下表_ 4.绘制至少5个化学试剂中转站或试剂包装上的危险化学品标志。 5.化学试剂中转站是否有改进措施? 化学试剂中转站有哪些值得借鉴的地方?

危险品	典型3种以上物质
易燃品	
易爆品	
易腐蚀品	
易中毒品	
氧化剂	

练一练测一测

1. 填空题

(1) 仪器设备管理的任务主要包括_____、_____、_____、_____和_____。

(2) 仪器设备购置计划管理包括_____、_____和_____。

(3) 仪器设备的日常事务管理包括_____、_____、_____和_____四个方面的工作。

(4) 大型精密仪器设备管理的任务是_____、_____和_____。

(5) 计算机系统的硬件主要是由_____、_____和_____等组成的具体装置,包括运算器、控制器、内存储器、外存储器和输入输出设备五部分。前三部分合在一起称为_____或_____单元,后两部分被称为_____。计算机系统的软件,泛指使用计算机所必需的_____。

(6) 化验室计算机系统的管理包括_____、_____和_____。

(7) 储备定额由_____和_____所组成。

(8) 供应期方法是制订_____的基本方法,它利用_____为基础来确定其储备定额。储备定额的计算公式为_____。

(9) 材料及低值易耗品仓库管理工作的基本要求包括_____、_____和_____。

(10) 通用试剂包括_____、_____和_____。

(11) 一般的化学试剂按照_____、_____、_____、_____等分别存放。

(12) 化学试剂溶液浓度应按_____要求标注。

(13) 化验室的位置应远离生产车间、_____和_____等地方,防止粉尘、_____、_____、_____等环境因素对分析检验工作的影响和干扰。

（14）控制的主要作用是在依据_____的前提下，通过_____与_____的方法有效地完成检验的过程。

（15）质量工作区域是指完成_____而进行_____的场所。

（16）化验室潜藏的危险因素有_____、_____、_____、_____和_____等。

（17）爆炸品包括纯粹的_____以及_____爆炸性物质。

（18）化验室防火采用的针对性措施有预防_____着火、预防_____着火或爆炸。

（19）中毒是指某些侵入人体的_____引起局部_____或_____障碍的任何疾病。

（20）毒物侵入人体的途径有_____中毒、_____中毒和_____中毒三种。

（21）我国常见56种毒物的危害程度分为_____级。

（22）化验室的废弃物主要是指实验中产生的_____。

（23）化验室对废渣的处理方法是先_____后_____。

（24）电流通过人体内部组织引起的伤害称为_____。

（25）在一定的物体中或表面上存在的电荷称为_____。

（26）静电电击是由_____电流通过人体时造成的伤害。

（27）化学灼伤是操作者的皮肤触及_____所致。

（28）化验室的样品可分为_____、_____、_____。

（29）样品的_____、_____和_____将直接影响检测结果的准确度，因此必须对样品的_____、_____以及_____等各个环节实施有效的控制，确保检验结果准确、可靠。

（30）取样工作完毕后进行化验，并做好_____。

（31）标识常用的方法有_____、卡、_____、_____、图标、印章等。

（32）样品的识别包括_____和_____。

（33）样品所处的检测状态，用_____、_____、_____和_____标签加以识别。

2. 单选题

（1）应列为固定资产进行专项管理的是（　　　）。

A. 一般仪器

B. 耐用期1年以上且非易损的一般仪器设备

C. 低值仪器设备

D. 化学试剂

（2）大型精密仪器设备的管理主要是（　　　）。

A. 计划管理、技术管理、经济管理和使用管理考核4个方面的管理

B. 指挥计算机协调工作

C. 将信息转换成电脉冲输入机器的存储器中

D. 存储原始数据、最终结果和计算程序等

（3）我国按化学试剂的纯度进行分类，共分为（　　　）。

A. 7种　　　　　　　B. 10种　　　　　　　C. 5种　　　　　　　D. 4种

（4）我国把标准物质分为两个级别，并按鉴定特性分为（　　　）。

A. 11类　　　　　　　B. 3类　　　　　　　C. 5类　　　　　　　D. 6类

（5）基准试剂的标签颜色是（　　　）。

A. 金红色　　　　　　B. 中蓝色　　　　　　C. 深绿色　　　　　　D. 咖啡色

（6）易爆品存储温度一般在（　　　）℃以下，并配有良好的通风设施，移动时轻拿轻放。

A. 25　　　　　　　　B. 30　　　　　　　　C. 35　　　　　　　　D. 40

（7）化学化验室用到的危险试剂主要包括（　　）。

A. 剧毒品　　　　　　　B. 强腐蚀品　　　　　　C. 易燃易爆品　　　　　D. 以上都是

（8）进行有危险性的工作，应（　　）。

A. 穿戴工作服　　　　　　　　　　　　　B. 戴手套

C. 有第二者陪伴　　　　　　　　　　　　D. 自己独立完成

（9）打开浓盐酸、浓硝酸、浓氨水等试剂的瓶塞时，应在（　　）中进行。

A. 冷水浴　　　　　　　B. 走廊　　　　　　　　C. 通风橱　　　　　　　D. 药品库

（10）蒸馏易燃液体可以用（　　）加热。

A. 酒精灯　　　　　　　B. 煤气灯　　　　　　　C. 管式电炉　　　　　　D. 封闭电炉

（11）夏季打开易挥发溶剂瓶前，应先用（　　），瓶口不要对着人。

A. 手轻摇　　　　　　　　　　　　　　　B. 冷水冷却

C. 温水冲洗　　　　　　　　　　　　　　D. 蒸馏水冲洗瓶口

（12）在以下物质中，易分解爆炸的是（　　）。

A. 高氯酸钾　　　　　　B. 硝酸钾　　　　　　　C. 氧化钾　　　　　　　D. 铬酸钾

（13）在以下物质中，（　　）是易燃液体。

A. 硫酸钠　　　　　　　B. 乙醛　　　　　　　　C. 高锰酸钾　　　　　　D. 碳酸氢钠

（14）在以下物质中，易燃的固体是（　　）。

A. 硫黄　　　　　　　　B. 硫酸钠　　　　　　　C. 氧化镁　　　　　　　D. 硫化钠

（15）下列混合物易发生燃烧或爆炸的是（　　）。

A. 高氯酸钾-硫酸亚铁　　　　　　　　　　B. 高锰酸钾-硫化钠

C. 高氯酸钾-乙醇　　　　　　　　　　　　D. 高锰酸钾-铬酸铅

（16）金属钠着火，可选用的灭火器是（　　）。

A. 泡沫式灭火器　　　　　　　　　　　　B. 干粉灭火器

C. 1211 灭火器　　　　　　　　　　　　　D. 7150 灭火器

（17）实验中，敞口的器皿发生燃烧，正确灭火的方法是（　　）。

A. 把容器移走　　　　　　　　　　　　　B. 用水扑灭

C. 用湿布扑救　　　　　　　　　　　　　D. 切断加热源后，再扑救

（18）含无机酸类的废液可采用（　　）处理。

A. 沉淀法　　　　　　　　　　　　　　　B. 萃取法

C. 中和法　　　　　　　　　　　　　　　D. 氧化还原法

（19）含砷废液常采用（　　）处理，中和后排放。

A. 氧化还原法　　　　　　　　　　　　　B. 氢氧化物共沉淀法

C. 离子交换法　　　　　　　　　　　　　D. 萃取分离法

（20）气瓶是常用（　　）制成的圆柱形容器。

A. 铝合金　　　　　　　B. 钢合金　　　　　　　C. 铁合金　　　　　　　D. 锰钢

（21）气瓶所漆的颜色代表气瓶内气体的种类，氧气瓶的颜色是（　　）。

A. 淡绿色　　　　　　　B. 黑色　　　　　　　　C. 灰色　　　　　　　　D. 天蓝色

（22）对于处于假死状态的患者施行人工操作的方法叫（　　）。

A. 苏生法　　　　　　　B. 抢救法　　　　　　　C. 扶伤法　　　　　　　D. 输氧法

（23）过程控制分析样品一律保留至下次取样，特殊情况保留（　　）h。

A. 12　　　　　　　　　B. 18　　　　　　　　　C. 24　　　　　　　　　D. 36

（24）采样时应从（   ）部位取样，综合后做好取样记录，贴好样品标签。

A. 上　　　　　　　　B. 中　　　　　　　　C. 下　　　　　　　　D. 以上都是

（25）样品保留量要根据样品全分析用量而定，不少于两次全分析量，一般液体为
（   ）mL，固体成品或原料保留（   ）g。

A. 100，150　　　　　B. 200，300　　　　　C. 200，400　　　　　D. 150，300

（26）样品采集应遵循的原则有（   ）。

A. 代表性　　　　　　B. 可获性　　　　　　C. 公正性　　　　　　D. 以上都是

3. 判断题

（1）化验室的环境是保证检验结果正确性的基本条件。　　　　　　　　　　（   ）

（2）进入质量工作区域，必须经办公室批准。　　　　　　　　　　　　　（   ）

（3）保证化验室工作安全、正常、有序、顺利进行，是化验室管理的一项重要工作。
　　　　　　　　　　　　　　　　　　　　　　　　　　　　　　　　　（   ）

（4）化验室内可以用干净的器皿处理食物。　　　　　　　　　　　　　　（   ）

（5）进行危险性工作时要戴口罩。　　　　　　　　　　　　　　　　　　（   ）

（6）潜藏的危险因素只是指中毒危险性和燃烧爆炸危险性。　　　　　　　（   ）

（7）起火应同时具备两个条件，即该物质具有燃烧性和有氧气存在。　　　（   ）

（8）预防着火的有效措施之一，就是防止加热过程着火。　　　　　　　　（   ）

（9）灭火时，必须根据火源类型选择合适的灭火器材。　　　　　　　　　（   ）

（10）实验过程中，不慎引起过氧化物起火，此时应立即用水浇灭。　　　（   ）

（11）金属钾或钠起火时，只能用干砂土或7150灭火器进行扑救。　　　　（   ）

（12）接触中毒是指毒物接触到皮肤后，穿透表皮而被吸收引起的中毒。　（   ）

（13）毒性是毒物的剂量与效应之间的关系，以 LD_{50} 或 LC_{50} 表示。　　（   ）

（14）第一类污染物是指对人体健康产生长远影响的污染物。　　　　　　（   ）

（15）废气、废液和废渣应根据当时情况决定是否排放。　　　　　　　　（   ）

（16）样品的保留由样品的分析检验岗位负责，在有效保存期内要根据保留样品的特性
妥善保管好样品。　　　　　　　　　　　　　　　　　　　　　　　　　（   ）

（17）化验室可不设有专门且适宜的样品储存场所，只需配备样品间及样品柜（架）。
　　　　　　　　　　　　　　　　　　　　　　　　　　　　　　　　　（   ）

（18）标识可作为证据或依据，标识管理是源头管理，完整规范的标识是实现追溯的
手段。　　　　　　　　　　　　　　　　　　　　　　　　　　　　　　　（   ）

（19）样品过保存期后，根据其质量变坏程度观察，并做出清理。如留样期满产品已变
质，应做报废处理。　　　　　　　　　　　　　　　　　　　　　　　　（   ）

（20）当样品检测完毕后，需要进行分类，参照不同种样品各自的规范、规程和处理意
见书进行适当的处理。　　　　　　　　　　　　　　　　　　　　　　　（   ）

4. 问答题

（1）如何理解仪器设备管理的意义？

（2）仪器设备的计划包括哪几方面的工作？

（3）仪器设备的技术管理包括哪几方面的工作？

（4）仪器设备的经济管理包括哪几方面的工作？

（5）化验室计算机系统的基本要求有哪些？

（6）如何理解材料管理的意义？

（7）化验室材料管理有哪几方面的工作？有哪些意义或作用？何为材料的定额管理？有什么作用？

（8）简述 ABC 分析法在材料定额管理中的应用。

（9）化学试剂、通用化学试剂有哪些种类？分类的依据是什么？

（10）以化学试剂为主的材料在使用、保管、存放时应注意哪些事项？

（11）如何进行标准物质的管理？

（12）如何做好危险化学试剂的管理？

（13）化验室为什么要远离生产车间、锅炉房等地方？

（14）何谓控制？为什么要对质量工作区域进行控制？

（15）安全守则的内容是什么？

（16）化验室潜藏的危险有哪些？

（17）化验室防火、防爆的措施有哪些？

（18）化验室灭火的措施和注意事项是什么？

（19）灭火器维护的内容有哪些？

（20）何谓中毒？毒物侵入人身的途径有哪些？中毒如何预防？

（21）举例说明中毒的症状及急救方法。

（22）化验室废弃物排放的准则是什么？

（23）含六价铬的废液如何处理？

（24）电炉的使用注意事项有哪些？

（25）如何正确使用电热恒温干燥箱？

（26）如何正确使用真空泵？

（27）如何防止电击？

（28）使用高压气瓶时，应注意哪些事项？

（29）何谓苏生法？常用的方法有哪几种？

（30）简述样品标识管理的优点。

（31）简述化验室样品管理流程。

项目三

管理化验室的软件

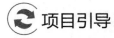 项目引导

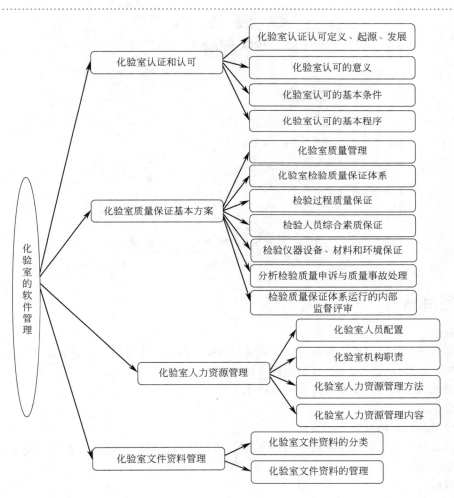

任务一　化验室认证和认可

📚 任务导入

下图为某质量监督检测技术研究院对产品出具的检验报告，该报告顶部有一排标识符号。请思考：这些符号分别有什么含义？是否能随意印在报告上？

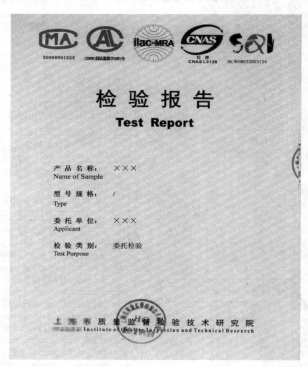

🌐 任务目标

知识目标：

1. 了解认证和认可制度的发展过程、质量管理体系认证工作程序，理解认证和认可的意义；
2. 掌握认证和认可的定义、区别、代表性标识；
3. 掌握化验室认可的基本条件和基本程序。

能力目标：

1. 能区别认证和认可的不同点；
2. 根据化验室认可的基本条件和基本程序，结合校内实验室的情况，能够初步制定化验室认可的实施计划。

思政目标：

1. 树立专业自信、团结协作精神；
2. 培养规范、标准化意识。

19世纪，伴随着工业革命的蒸汽机的发明和电的发现，加上现代标准化的诞生，形成了工业化大生产，使市场经济逐步发育并日趋成熟。然而，随之带来的诸如锅炉爆炸、电器失火等大量财毁人亡的事故，给社会造成不安，给公众带来痛苦。人们意识到来自产品提供方（第一方）的自我评价和产品接收方（第二方）的验收评价，因其出于自身利益考虑而变得越来越不可信。所以，公众强烈呼吁由独立于产销双方并不受双方经济利益支配和影响的第三方，用科学、独立、公正的方法对市场上流通的，特别是涉及安全、健康的产品性能进行评价与监督。

合格评定是对产品、过程、体系、人员或机构有关规定要求得到满足的证实。合格评定包括认证和认可活动。工业化生产使商品交换的形式从简单的供需见面、以货易货，走向供需双方不直接见面即能成交的商业网络形式，从而促进了合格评定的发展。20 世纪 70 年代关贸总协定（GATT）决议在世界范围内签订"贸易技术壁垒协议"（TBT），生效于 1980 年元旦的该协议规定了技术法规、标准和认证制度。由 GATT 改组成立的世贸组织（WTO）所使用的 1994 年版的 TBT，将"认证制度"一词更改为"合格评定制度"，在定义中将其内涵扩展为"证明符合技术法规和标准而进行的第一方自我声明、第二方验收、第三方认证以及认可活动"，并规定合格评定程序应包括：抽样、检测和检验程序；合格评价、证实和保证程序；注册、认可和批准程序以及它们的综合运用。

近年来，随着质量认证工作纵深发展，在合格评定领域逐渐形成了产品认证、体系认证、人员认证、认证机构认可、化验室认可和检查机构认可等诸多体系。

一、化验室认证和认可

（一）认证制度的起源与发展

1. 认证

ISO/IEC 17000 中对认证的规定为：认证是指与产品、过程、体系或人员有关的第三方证明。

（1）认证的对象是产品、过程或服务，认证应以一个客观的标准作为认证依据。

（2）认证应有一套科学、公正的认证手段（程序），如对企业管理体系的审核和评定，对产品的抽样检验等。

（3）认证活动由第三方实施，应有明确的书面保证，如认证证书或认证标志。

2. 认证发展历史及现状

认证制度是为进行合格认证工作而建立起来的一套程序和管理制度，起源于 19 世纪下半叶。最初的认证是以产品的评价为基础，这种评价开始是由生产者进行的自我评价（第一方）和由产品消费者（第二方）进行的验收评价。随着现代工业的发展及工业标准化的诞生，社会财富越来越丰富，第一方、第二方的评价由于受各自利益影响而存在着一定的局限性。由独立于产销双方不受其经济利益制约的独立第三方，用公正、科学的方法对产品，特别是涉及安全、健康的产品进行评价，并给公众提供一个可靠的保证，已成为市场的需求。于是，由民间发起自发为适应市场需求而组建的第三方认证机构应运而生。

近代的产品认证制度最早出现在英国。1903 年英国工程标准委员会创立了世界上第一个用于符合尺寸标准的铁道钢轨的标志，即"BS 标志"，又称"风筝标志"（见图 3-1）。1922 年按英国商标法注册，成为受法律保护的认证标志。此项活动开展一个世纪以来，不断向深度、广度拓展，包括产品认证、管理体系认证、实验认证、人员认证等。并且，跟随全球经济一体化的趋势，以国际标准为依据的国际认证制度在世界范围内得到迅速发展。

认证制度之所以有生命力，一是因为由独立的技术权威机构按严格的程序作出的评价结论，具有高度的可信性；二是因为认

图 3-1　BS 标志

证为法律部门在推动法规实施时提供了帮助，因而取得了政府对认证的依赖，如政府在采购和依法对涉及健康、安全、环境的产品进行强制性管理时，行政部门可直接利用认证结果，这显然大大增加了认证的权威性。

（二）认可制度的起源与发展

1. 认可

ISO/IEC 17000 中认可的定义：认可是正式表明合格评定机构具备实施特定合格评定工作的能力的第三方证明。

化验室认可是由经过授权的认可机构对化验室的管理能力和技术能力，按照约定的标准进行评价，并将评价结果向社会公告以正式承认其能力的活动。

（1）认可的对象是从事特定任务的团体或个人，如认证机构、审核员、检验机构（化验室）、审核员培训机构。

（2）认可活动必须依据规定的程序和要求进行，认可的实施必须由权威团体进行。

2. 认可的发展历史及现状

化验室认可这一概念可追溯到 70 多年前，当时作为英联邦成员的澳大利亚，由于缺乏一致的检测标准和仪器，无法在第二次世界大战中为英军提供军火。1947 年他们建立了世界上第一个国家化验室认可体系，并成立了认可机构——澳大利亚国家检测机构协会（NATA）。20 世纪 60 年代英国也建立了化验室认可机构，从而带动了欧洲各国化验室认可机构的建立。20 世纪 70 年代美国、新西兰和法国等开展了化验室认可活动，80 年代逐渐发展到新加坡、马来西亚等东南亚国家，90 年代更多的发展中国家（包括我国）加入了建立化验室认可体系的行列。

随着各国化验室认可机构的建立，20 世纪 70 年代初在欧洲出现了区域性的合作组织。目前，国际上已成立了亚太实验室认可合作组织（APLAC）、欧洲认可合作组织（EA）、中美洲认可合作组织（IAAC）、南部非洲认可发展合作组织（SADCA）等。1977 年在丹麦成立了国际实验室认可论坛（International Laboratory Accreditation Conference，ILAC），并于 1996 年在荷兰由论坛转变成实体，即国际实验室认可合作组织（International Laboratory Accreditation Cooperation，ILAC）。认可已成为国际通行的质量管理手段和贸易便利化工具，其运用日益广泛，发展异常迅猛，已有 77 个国家和经济体的 81 家认可机构签署了国际互认协议（MRA），占世界经济总量 95% 的国家的认可机构加入了国际或区域认可合作组织。

我国化验室认可活动可以追溯到 1980 年，当时的国家标准局和国家进出口商品检验局共同派代表团参加了在巴黎召开的 ILAC 大会。1986 年通过国家经济管理委员会授权，国家标准局开展了对检测化验室的审查认可工作，同时国家计量局依据《计量法》对全国的产品质检机构开展计量认证工作。计量认证（CMA）和审查认可（CAL）是我国政府对化验室的两套考核制度，经过数十年的发展，现由国家认证认可监督管理委员会（CNCA）统一管理，并形成了化验室和检验机构的资质认定制度。

1994 年原国家技术监督局成立"中国实验室国家认可委员会"（CNACL），并依据 ISO/IEC 导则 58 运作。1989 年原中国国家进出口商品检验局成立"中国进出口商品检验实验室认证管理委员会"，形成以该委员会为核心由 6 个行政大区化验室考核领导小组组成的进出口领域化验室认可工作体系，后于 1996 年依据 ISO/IEC 导则 58 改组成立了"中国国家进出口商品检验实验室认可委员会"（CCIBLAC），并于 2000 年 8 月更名为"中国国家出入境检验检疫实验室认可委员会"。实际上，我国的化验室认可从起初的行政管理为主导的认可体系，逐步过渡到市场经济下的自愿、开放的认可体系。CNACL 于 1999 年，CCIBLAC 于 2001 年分别顺利通过 APLAC 同行评审，并签署了 APLAC 相互承认协议。

随着改革开放的深入与经济实力的增强，我国进出口贸易总额有了快速增长，面临经济全球化和加入 WTO 的新形势。2002 年 7 月 4 日，CNACL 和 CCIBLAC 合并为"中国实验室国家认可委员会"（CNAL），实现了我国统一的化验室认可体系。为了进一步整合资源，发挥整体优势，2006 年 3 月 31 日 CNCA 根据《中华人民共和国认证认可条例》将 CNAL 和中国认证机构国家认可委员会（CNAB）合并，成立中国合格评定国家认可委员会（China National Accreditation Service for Conformity Assessment，CNAS），统一负责对认证机构、化验室和检验机构等相关机构（简称"合格评定机构"）的认可工作。该认可委员会的宗旨是推进合格评定机构按照相关的标准和规范等要求加强建设，促进合格评定机构以公正的行为、科学的手段、准确的结果有效地为社会提供服务，并依据国家相关法律法规，国际和国家标准、规范等开展认可工作，遵循客观公正、科学规范、权威信誉、廉洁高效的工作原则，确保认可工作的公正性，并对作出的认可决定负责。

我国的认可工作已取得长足进步，加入了 ILAC 与 APLAC 的多边互认后获认可的化验室数量占国际互认化验室总量（4 万多家）的 13%，获认可的检验机构数量占国际互认检验机构总量（6700 家）的 5%，均名列前茅。

为进一步简政放权、深化检验检测机构资质许可改革，完善资质认定管理法规，营造公平竞争、有序开放的检验检测市场环境，推动检验检测高技术现代服务业做强做大、健康发展，2015 年 4 月 9 日国家质量监督检验检疫总局发布了《检验检测机构资质认定管理办法》（总局令第 163 号）。该办法规定，检验检测机构从事下列活动，应当取得资质认定：为司法机关作出的裁决出具具有证明作用的数据、结果的；为行政机关作出的行政决定出具具有证明作用的数据、结果的；为仲裁机构作出的仲裁决定出具具有证明作用的数据、结果的；为社会经济、公益活动出具具有证明作用的数据、结果的。

在英国的影响下，特别是欧盟（旧称欧共体）的形成，各国也纷纷建立起本国的国家认可机构，推行国家认可制。加拿大、澳大利亚、新西兰、东盟国家、巴西、印度、美国和日本等也建立起国家认可制度。迄今为止，已有近 40 个国家建立了国家认可制度。

（三）认证和认可的主要区别

（1）主体不同   认证的主体是指具备能力和资格的第三方，由合格的第三方实施认证工作，以保证认证工作的公正性和独立性。认可的主体是权威团体，这里一般是指由政府授权组建的一个组织，具有足够的权威性。

（2）对象不同   认证的对象是产品、过程或服务，如质量管理体系认证、产品质量认证、环境管理体系认证等。认可的对象是从事特定任务的团体或个人，如检验机构、化验室、管理体系认证机构以及审核员与审核员培训机构等。

（3）目的不同   认证是符合性认证，以质量管理体系的认证为例，其目的在于质量管理体系认证机构对组织所建的质量管理体系是否符合规定的要求（如 ISO 9000 标准的要求）进行证明。认可是具备能力的证明，即对认可机构（如 CQC）和质量管理体系审核员是否具备从事质量管理体系认证工作的资格和能力进行考核和证明。

认证和认可都是合格评定活动，即通过直接或间接的活动来确定相关要求是否被满足。表 3-1 列出了各项合格评定的主要活动。

表 3-1　各项合格评定的主要活动

主要活动	认可/认证	对象	实施机构
对产品进行抽样、试验和检验,审核和评定组织的质量管理体系	产品质量认证	产品	认证/检验机构
审核和评定组织的质量管理体系	质量管理体系认证	组织的质量管理体系	认证机构
对产品进行抽样,测试产品的环境参数、性能,审核和评定企业的环境管理体系	产品环境标志认证	产品	认证机构
审核和评定组织的环境管理体系	环境管理体系认证	组织的环境管理体系	认证机构
检查和评定检验机构的质量管理体系	检验机构认可	检验机构	认可机构
审核和评定认证机构的质量管理体系	认证机构认可	认证机构	认可机构
评价审核员的能力	审核员资格认可	审核员	认可机构(注册机构)
审核和评定培训课程、培训的质量管理体系	培训课程认可	审核员培训课程	认可机构(注册机构)

在我国 ISO 9000 质量管理体系的认证工作中,认可机构是中国国家进出口企业认证机构认可委员会(CNAB)及中国质量管理体系认证机构国家认可委员会(CNARC);认证机构是经认可机构批准建立的机构,在中国开展质量认证的认证机构已有 50 多家,其中中国进出口质量认证中心(CQC)是最早认可、拥有审核员最多、发证数量最多的机构。

二、化验室认可的意义

市场经济中,化验室是为贸易双方提供检测、校准服务的技术组织,化验室需要依靠其完善的组织结构、高效的质量管理和可靠的技术能力为社会与客户提供检测服务。ILAC 的宗旨和目的是通过化验室认可机构之间签署相互承认协议,达到相互承认认可的化验室出具检测化验室报告,从而减少贸易中商品的重复检测、消除技术壁垒、促进国际贸易发展。

认可组织通常是经国家政府授权从事认可活动的,因此,经化验室认可组织认可后的化验室,其认可领域范围内的检测能力不但为政府所承认,其检测结果也广泛被社会和贸易双方所使用。因此化验室不仅可提高其质量管理与技术能力,还会带来可观的经济效益。认可使"一次检测,全球承认"成为现实。化验室认可的作用和意义体现在以下 5 个方面:

(1)贸易发展的需要　化验室认可体系在全球范围内得到重视和发展,主要有两个原因。一是由于检测和校准服务质量的重要性在世界贸易和各国经济中的作用日益突出。产品类型与品种迅速增长,技术含量越来越高,相应的产品规范和法规日趋繁杂,因而对化验室的专业技术能力,对检测与校准结果正确性和有效性的要求也日益迫切。二是国际贸易随着经济复苏和迅速发展形成了激烈的竞争形式。竞争者力图开发支持其竞争的策略,其中一个重要策略就是通过检测显示其产品的高技术和高质量,以加大进入其他国家和市场的竞争力度。这样就对化验室检测服务的客观保障提出了更好的要求,所以化验室认可工作才得以快速发展。

(2)政府管理的需要　政府管理部门在履行宏观调控、规范市场行为和保护消费者的健康和安全的职责时,也需要客观、准确的检测数据来支持其管理行为。通过化验室认可,保证各类化验室能按照一个统一的标准进行能力评价。

（3）社会公证的需要　司法鉴定结果数据的有效性，事关社会法律体系的公正性而越来越被认识。同时，产品质量责任的诉讼不断增加，产品检测结果往往成为责任划分的重要依据。因此，对检测数据的技术有效性和化验室的公正和独立性保障越来越成为关注的焦点。通过化验室认可，保证实验数据得到社会各界所承认。

（4）产品认证的需要　产品认证在国内外迅速发展，已成为政府管理市场的重要手段，产品认证需要准确的化验室检测结果的支持。通过化验室认可，保证检测数据的准确性，从而保证认证的有效性。

（5）化验室自我完善的需要　化验室按特定准则要求建立质量管理体系，不仅可以向社会、向客户证明自己的技术能力，而且还可以实现化验室的自我改进和自我完善，不断提高检测技术能力，适应检测市场不断提出的新要求。

三、化验室认可的基本条件

一个化验室希望获得化验室认可，必须达到符合《化验室认可准则》文件规定的要求，并按《化验室认可管理办法》的规定，办理"认可申报"，提交足够的认可申报资料，然后由中国实验室国家认可委员会进行审查考核，当申报认可的化验室达到规定要求的时候，便可以获得认可。

申报认可的化验室，除了必须具备一般化验室必备的硬件以外，更重要的是必须实行化验室的质量管理，也就是说必须建立化验室质量体系并投入运行，使化验室水平和化验室工作质量得到不断的提高。

事实上，化验室质量体系的建设对化验室总体水平的提高具有很大的促进作用，是化验室认可的重要基础工作。

码3-1　化验室认可　　码3-2　化验室认可　　码3-3　化验室认可　　码3-4　化验室认可
的基本条件（人员、　的基本条件（设备）　的基本条件（设备）　的基本条件（环境、
方法）　　　　　　　　（一）　　　　　　　　（二）　　　　　　　申请）

四、化验室认可的基本程序

CNAS 化验室认可流程见图 3-2，化验室获得认可详细流程可以分为八步，见图 3-3。

（一）建立管理体系

（1）化验室若申请 CNAS 认可，首先要依据 CNAS 的认可准则，建立管理体系。

检测化验室、校准化验室适用 CNAS-CL01（等同采用 ISO/IEC 17025）《检测和校准实验室能力认可准则》；

医学化验室适用 CNAS-CL02（等同采用 ISO 15189）《医学实验室质量和能力认可准则》；

司法鉴定/法庭科学机构适用 CNAS-CL08《司法鉴定/法庭科学机构能力认可准则》。

（2）化验室在建立管理体系时，除满足基本认可准则的要求外，还要根据所开展的检测/校准/鉴定活动的技术领域，同时满足 CNAS 基本认可准则在相关领域应用说明、相关认可要求的规定。

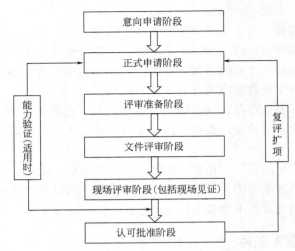

图 3-2　CNAS 化验室认可流程图

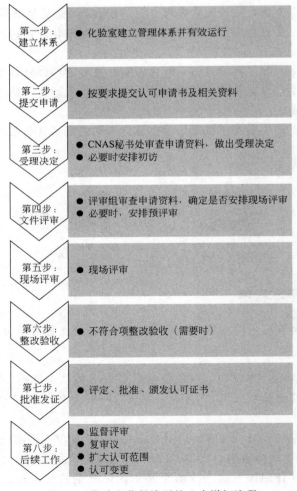

图 3-3　化验室获得认可的八步详细流程

注：CNAS 部分认可规范文件中也有对体系文件的要求，例如：CNAS-R01《认可标识使用和认可状态声明规则》中要求"合格评定机构应对 CNAS 认可标识使用和状态声明建立管理程序，以保证符合本规则的规定，且不得在与认可范围无关的其他业务中使用 CNAS 认可标识或声明认可状态""校准实验室应建立签发带 CNAS 认可标识校准标签的管理程序"等。CNAS-RL02《能力验证规则》中要求"合格评定机构的质量管理体系文件中，应有参加能力验证的程序和记录要求，包括参加能力验证的工作计划和不满意结果的处理措施"。

（3）化验室建立管理体系文件时注意事项

① 管理体系文件要完整、系统、协调，能够服从或服务于化验室的政策和目标；组织结构描述清晰，内部职责分配合理；各种质量活动处于受控状态；管理体系能有效运行并进行自我完善；过程的质量监控基本完善，支持性服务要素基本有效。

② 管理体系文件要将认可准则及相关要求转化为适用于化验室的规定，具有可操作性，各层次文件之间要求一致。

③ 当化验室为多场所，或开展检测/校准/鉴定活动的地点涉及非固定场所时，管理体系文件需要覆盖申请认可的所有场所和活动。多场所化验室各场所与总部的隶属关系及工作接口描述清晰，沟通渠道顺畅，各分场所化验室内部的组织机构（需要时）及人员职责明确。

（二）认可申请阶段（包括第二步提交申请和第三步受理决定）

1. 认可申请

除了在计量校准和法定检验机构的化验室实现强制性的认可以外，一般的化验室目前还是采取自愿申报认可的方式，由自愿申报的化验室向 CNAS 机构提交申请书以及相关资料提出申请。

（1）意向申请　申请人可以用任何方式向 CNAS 秘书处表示认可意向，如来访、电话、传真以及其他电子通信方式。CNAS 秘书处应向申请人提供最新版本的认可规则和其他有关文件。

（2）正式申请　提交申请资料，缴纳申请费用。CNAS 要求由申请认可的化验室充分授权的代表提出正式申请，内容通常包括：

① 化验室基本情况，包括法人实体、名称、地址、法律地位及人力与技术资源。

② 化验室的基本信息，如化验室的活动，认可范围覆盖的所有场所的地址等。

③ 界定清晰的申请认可范围。

④ 遵守认可要求和履行化验室义务的承诺。

2. 受理认可申请

认可申请流程图见图 3-4。

初访：当 CNAS 不能通过提供的文件材料确定申请化验室是否能满足申请条件时，将通过初访的形式进一步明确申请化验室是否具备在三个月内接受评审的条件。

① 初访时的活动内容与化验室领导层进行沟通，确认与化验室申请认可范围相应的法律地位、组织机构、人员状况、主要仪器设备、设施与环境条件、管理体系运行情况等；实地查看检测/校准现场和化验室分布状况、化验室的特殊过程等，了解现场评审的可行性。

② 初访后，初访人员向 CNAS 处递交初访报告，依据初访结果建议接受化验室认可申请或暂时不接受申请。

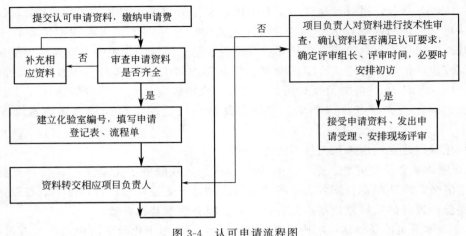

图 3-4　认可申请流程图

（三）评审阶段（包括第四步文件评审和第五步现场评审）

1. 评审准备

CNAS 机构在接受化验室的申请书后，首先对认可申请的化验室的申请资料的完整性、规范性进行初审，确认申报化验室的申请准备工作基本符合要求后，再对现场评审正式立项，登记建立档案，选配评审员，组织制定现场评审计划和开始现场评审准备工作。

申报认可的化验室在提交申请书后，应该根据 CNAS 机构的要求提交必须的补充资料，并配合 CNAS 机构做好各种现场评审活动的准备工作，为现场评审提供方便。

为了使评审申请尽快获得通过，申报认可的化验室应在申报以前，事先认真学习《化验室认可准则》，深入领会《化验室认可准则》和《化验室认可管理办法》的核心精神，并做好申报的咨询，尽量做到一次就提交足够的认可申报资料，以便 CNAS 机构充分进行现场评审准备，加快评审进度，有利于评审工作的进行。

2. 现场评审

CNAS 对申报化验室的现场评审，包括以下内容：

（1）首次会议　明确现场评审的目的、范围及依据，评审的工作计划、程序、方法、时间安排以及联系方法等，并在现场进行必要的答辩，澄清某些不够明确的问题，以便对申请认可的化验室有进一步的了解。

（2）现场参观与评审　根据评审工作计划进行现场的参观、检验评审工作。

（3）现场试验与评价　根据评审工作的需要进行现场的测试/校准工作质量检查，对申报的化验室的实际工作能力和质量保证能力作出鉴定，以确定化验室的实际水平并给予恰当的评价。

3. 能力验证

能力验证是对化验室进行现场评审的考核内容之一，旨在检查化验室以及具体工作人员的实际工作能力和质量保证能力，以便对化验室的总体实际水平作出评价。在进行能力验证的时候，申请认可的化验室必须给予充分的合作，以利于验证工作的顺利进行。

能力验证是认可评定的重要工作，在评审和复评审工作过程中都具有重要意义，不可忽视。

（四）整改验收

对于评审中发现的不符合，化验室要及时进行纠正，需要时采取纠正措施，一般情况下，CNAS 要求化验室实施整改的期限是 2 个月。但对于监督评审（含监督＋扩项评审）和复评审（含复评＋扩项评审）时涉及技术能力的不符合，要求在 1 个月内完成整改。

注：如果 CNAS 评审与其他部门委托或安排的评审联合进行时，化验室的整改期限取最短期限。

在以下情况下，评审组会对不符合项的整改，考虑进行现场验证，一般情况下，现场验证由原评审组进行。

① 对于涉及影响结果的有效性和化验室诚信性的不符合项；

② 涉及环境设施不符合要求，并在短期内能够得到纠正的；

③ 涉及仪器设备故障，并在短期内能够得到纠正的；

④ 涉及人员能力，并在短期内能够得到纠正的；

⑤ 对整改材料仅进行书面审查不能确认其整改是否有效的。

对评审中发现不符合的整改，化验室不能仅进行纠正，要在纠正后，充分查找问题形成的原因，需要时制订有效的纠正措施，以免类似问题再次发生。对于不符合，仅进行纠正，无需采取纠正措施的情况很少发生。

评审组对化验室提交的书面整改材料不满意的，也可能再进行现场核查。

评审组在现场评审结束时形成的评审结论或推荐意见，有可能根据化验室的整改情况而进行修改，但修改的内容会通报化验室。

（五）批准发证

化验室通过了现场评审，并不等于获得了认可。根据 CNAS-J01《中国合格评定国家认可委员会章程》规定，由评定委员会做出批准认可的决定。

化验室整改完成后，将整改材料交评审组审查验收。通过验收后，评审组会将所有评审材料交回 CNAS 秘书处，秘书处审查符合要求后，提交评定委员会评定，并做出是否予以认可的评定结论。CNAS 秘书长或其授权人根据评定结论做出认可决定。

CNAS 秘书处会向获准认可化验室颁发认可证书以及认可决定通知书，并在 CNAS 网站公布相关认可信息。化验室可在 CNAS 网站"获认可机构名录"中查询。

（六）后续工作

1. 监督评审和复评审

凡获得 CNAS 认可的化验室，在认可程序完成以后，必须接受 CNAS 的监督和复评审，以确保认可的有效性。一般情况下，在初次获得认可后的 1 年（12 个月）内会安排 1 次定期监督评审，并根据化验室的具体情况，安排不定期监督评审。

已获准认可的实验室在认可批准后的第 2 年（24 个月内）进行第 1 次复评审。复评审每 2 年 1 次，两次复评审的现场评审时间间隔不能超过 2 年（24 个月）。复评审范围涉及认可要求的全部内容、全部已获认可的技术能力。

对于违反《化验室认可准则》的行为，或者化验室的实际水平有所下降，或发生其他实际情况，CNAS 将适时地对化验室的认可资格提出变更或取消意见，并上报审批和执行。

2. 扩大认可范围

化验室获得认可后，可根据自身业务的需要，随时提出扩大认可范围的申请，申请的程序和受理要求与初次申请相同，但在填写认可申请书时，可仅填写扩大认可范围的内容。

化验室扩大认可范围应该是有计划的活动，要对拟扩大的能力进行过充分的验证并确认满足要求后，再提交扩大认可范围申请。

3. 认可变更

化验室获得认可后，有可能会发生化验室名称、地址、组织机构、技术能力（如主要人员、认可方法、设备、环境等）等变化的情况，这些变化均要及时通报 CNAS 秘书处。

变更发生后，化验室从 CNAS 网站下载并填写变更申请书，提交变更申请后，在 CNAS 秘书处确认变更前，化验室不能就变更后的内容使用认可标识。

发生变更后，化验室要对变更后是否持续满足 CNAS 的认可要求进行确认。

针对化验室的情况，对化验室提出的认可标准、授权签字人的变更，CNAS 秘书处采取不同的方式进行确认：

① 获认可超过 6 年（含 6 年）的化验室，实施备案管理，即接到变更申请后，直接获得批准；如果化验室提出变更申请时，CNAS 秘书处已确定其监督、扩项或复评评审组的，则在完成现场评审等全部认可流程后予以批准。

② 获认可不足 6 年的化验室，则需要通过不定期监督评审，对申请的变更事项予以确认。

一般情况下，对于检测/校准/鉴定环境变化（指搬迁），需通过现场评审予以确认。根据化验室的意愿，CNAS 安排的变更确认也可与定期监督评审或复评审合并进行。

在认可有效期内，化验室如要缩小认可范围或不再保留认可资格，要向 CNAS 秘书处提交书面申请，并明确缩小认可的范围。

在认可有效期内，化验室如不能持续符合认可要求，CNAS 将对化验室采取暂停或撤销认可的处理。被暂停认可后，化验室如要恢复认可，需书面提交恢复认可申请。暂停期内化验室如不能恢复认可（完成评审、批准环节），则将被撤销认可。

思考与交流

> 你能根据化验室认可的基本条件和基本程序，结合对已经取得的 CNAS 机构认可的化验室参观或者实习情况，制定本校化验室认可的实施计划吗？

任务小结

化验室认证和认可	化验室认证认可定义、起源、发展	认证制度的起源与发展	认证是指与产品、过程、体系或人员有关的第三方证明
		认可制度的起源与发展	认可是正式表明合格评定机构具备实施特定合格评定工作能力的第三方证明
		认证和认可的主要区别	两者的主体、对象、目的不同
	化验室认可的意义		(1)贸易发展的需要 (2)政府管理的需要 (3)社会公证的需要 (4)产品认证的需要 (5)化验室自我完善的需要
	化验室认可的基本条件		希望获得认可，必须达到符合《化验室认可准则》(CNAS 201—99)文件规定的要求，并按规定，办理"认可申报"，提交认可申报资料，然后进行审查考核，当申报认可的实验室达到规定要求的时候，便可以获得认可

化验室认证和认可	化验室认可的程序	建立管理体系	
		认可申请阶段	(1)认可申请 (2)受理认可申请
		评审阶段	(1)评审准备 (2)现场评审 (3)能力验证
		整改验收	
		批准发证	
		后续工作	监督评审和复评审
			扩大认可范围
			认可变更

任务二　化验室质量保证基本方案

任务导入

检测报告生成的过程通常为：合同→抽样→样品处理→检测→报告。

请思考：检测报告生成的各环节对于报告质量（特别是数据的准确性）有无影响？

任务目标

知识目标：

1.了解化验室在质量管理中的作用；

2.掌握构建化验室质量保证体系的基本要素；

3.掌握检验过程的程序和质量控制的要求及注意事项；

4.了解质量保证体系对检验人员综合素质、仪器设备、材料和环境的要求；

5.掌握检验质量保证体系内部监督评审的程序；

6.了解检验质量申诉与质量事故处理的程序和方法。

能力目标：

1.根据所学能提出分析检验过程的质量控制要点；

2.依照程序能进行检验质量申诉与质量事故处理。

思政目标：

1.树立专业自信、团结协作精神；

2.树立质量、标准化意识；

3.树立无选择响应、听从指挥、满足客户需求、热情服务的意识；

4.培养严谨、注重细节的职业素养。

一、化验室质量管理

进入 21 世纪以来，随着我国国民经济的快速发展，人们的生活水平随之迈上了新的台阶，人们对社会生活相关产品的要求也越来越高，质量管理在现代社会中的地位和作用，随着现代社会生产力和国际贸易的发展而日显重要，世界各国对质量管理的探索也日益深化，在管理学领域中，"质量管理"已成为一门重要的软科学。

石油化工产品广泛应用于人们生活的方方面面，在油气化工、食品医药、环保新材料企业中，产品生产要经历十分复杂的物理、化学过程，受到温度、压力等各种因素的影响。所以，每一个工艺过程都需要得到良好的控制，才能保证得到最终质量优异的产品。为了保证产品的质量状况，控制好产品的质量，必须有与工艺过程同步的质量检验。综上所述，企业必须建立和完善化验室质量管理体系，提高检验结果的准确度和可靠性，提升质量管理工作水平。

（一）质量管理及质量管理体系标准的发展

"质量管理"是 20 世纪的一门新兴科学。1949 年后的一段时间，我们国家处于计划经济时代，产品匮乏，但从改革开放以后，我国企业面对不断变化的外部环境，面对市场竞争的压力，逐步走向世界舞台，如何持续、快速、健康发展成为所有企业无法回避的现实问题。企业要想真正把握住改革开放带来的机遇就必须做好自身产品质量的保障，提高产品品牌价值，得到顾客认可。于是企业纷纷开始关注产品质量管理，"海尔张瑞敏砸问题冰箱事件"就是企业开始重视质量管理的一个典型事例。国内从现实需要到理论提高再到实践运用，其发展历程大体上经历了质量检验、统计质量控制、全面质量管理、质量管理体系标准化阶段。

1. 质量检验阶段

在第二次世界大战以前，人们普遍对质量管理的认识还只限于对产品质量的检验，随着工业化的到来，普遍建立了产品质量检验制度，也形成了一支专门从事检验工作的人员队伍，通过严格检验来保证出厂或转入下道工序的产品质量。因此，质量检验工作就成了这一阶段执行质量职能的主要内容。质量检验所使用的手段是各种检验工具、设备和仪表，质量检验的方式是严格把关，对产品进行全数检查。在由谁来执行质量职能的问题上，在实践中也有一个逐步变化的过程。

① 21 世纪前，主要表现为检验和生产都集中在操作工人身上，称为"操作者的质量管理"。

② 1918 年前，美国出现了以泰罗的"科学管理"为代表的"管理运动"，强调工长在保证质量方面的作用，设立了专职检验的职能工长，称为"工长的质量管理"。

③ 1938 年前，由于企业规模的扩大，质量检验的职能又由工长转移给了专职的质量检验人员，称为"检验员的质量管理"。

在这段时期的质量管理对保证产品质量、维护工厂信誉起到不小的作用，但在这段时期的发展过程中，人们渴望有一种方法可以科学预防不合格产品的形成，以减少不合格品的经济损失。因此，质量管理就从质量检验阶段逐步发展到了统计质量控制阶段。

2. 统计质量控制阶段

大批量生产的进一步发展，要求用更经济的方法来解决质量检验问题，并要求事先防止成批废品的产生。在质量检验阶段时，一些著名的统计学家和质量管理专家就开始注意质量检验的弱点，并设法运用"数理统计学"的原理去解决这些问题。

1924 年，美国电报电话公司贝尔化验室的休哈特提出了控制和预防缺陷的概念。后来休哈特应西方电气公司的邀请，参加了该公司所属的霍桑工厂加强与改进质量检验工作的调查研究工作。在这里休哈特提出了用数理统计中正态分布"6σ"原理来预防废品，设计出控制图，把预防缺陷的这种方法应用到工厂生产现场。根据测定的产品质量特性值，按照"6σ"原理绘制出质量控制图，不仅能了解产品或零部件的质量状况，而且能及时发现问题，有效地降低了不合格品率，使生产过程处于受控状态。

1931 年，休哈特出版了一本叫《工业产品质量的经济控制》的书。与此同时，贝尔化验室成员休哈特、道奇、罗米格和戴明等人提出了关于抽样检验的概念和方法，有效地突破了全数检查带来的局限和问题。他们首先把数理统计方法引入了质量管理领域，其研究成果为产品质量管理奠定了科学的基础。第二次世界大战期间，军事工业得到了迅猛发展，各参战国均认识到武器质量对于战争胜败而言是至关重要的，因而把更多的精力投入到了对武器生产厂商质量管理的研究上。美国国防部组织了统计质量控制的专门研究，明确规定了各种抽样检验的方案，对生产过程中的质量进行控制。控制图也可称为管理图，是统计过程控制（SPC）的重要工具之一，其最大的好处是及时发现过程中的异常现象和缓慢变异等系统误差，预防不合格现象的发生。这些统计质量控制主要是运用数理统计方法，根据生产过程中质量波动的规律性，及时采取措施，消除产生波动的异常因素，使整个生产过程处于正常的受控状态下，从而以较低的质量成本生产出较高质量的产品。美国国防工业运用统计质量控制的成功经验，不仅使其本身获利，并且带动了各国的民用工业而风靡全球。因此，质量管理就从统计质量控制阶段逐步向全面质量管理阶段发展。

3. 全面质量管理阶段

如果说在质量检验阶段，专职检验员的数据为杜绝废品次品出厂起了重要作用的话，那么在统计质量控制阶段，数理统计方法的应用可使整个生产过程处于受控状态之下，从而为减少成批废品次品的产生起到了一定的预防作用。

统计质量控制着重于应用统计方法来控制生产过程质量，发挥预防作用，保证产品质量。但产品质量的形成过程，不仅与生产过程紧密相关，而且还与其他一些过程、环节和因素密切相关，这不是单纯应用质量控制方法所能解决的。全面质量管理就能更适应现代市场竞争和现代大生产对质量管理多方位、整体性、综合性的客观要求。从以往局部性的管理向全面性、系统性管理的发展，是生产、科技以及市场发展的必然结果。

但是，从 1960 年至今，随着现代化科学技术日新月异的发展，数以亿万计的高科技新产品相继问世，许多投资金额可观、规模特大、涉及人身安全的产品和项目纷纷在 20 世纪下半叶登场亮相，从而促使人们对质量管理概念的不断更新和更持续发展。随着现代化系统工程科学地应用于管理领域，同时也赋予了质量更新更深刻的内涵，质量管理的活动也从单纯重视生产现场的加工过程向产品形成的前后，包括采购、销售、服务等全过程延伸。人类工效学的问世，也使人们对质量管理中全员参与、人员素质的重要作用有了更现代化的观念更新。以上各种关于质量管理概念和观念的更新，使得质量管理的发展从 20 世纪 60 年代起进入了第三个阶段——全面质量管理阶段。

全面质量管理的特征是："四全、一科学"，即：

"四全"——全过程的质量管理、全企业的质量管理、全指标的质量管理、全员的质量管理。

"一科学"——以数理统计方法为中心的一套管理方法。

（1）全过程的质量管理   一个新产品，从调研、设计、试制、生产、销售、使用到售后服务等，每个阶段都有自己的质量管理。

（2）全企业的质量管理   从企业纵的方向看，由原料入厂到生产的各工序，再到销售各环节都应进行质量管理；从企业横的方向看，由生产车间到各管理职能部门都参与质量管理。

（3）全指标的质量管理   除了产品和服务的技术指标外，还有各部门、各项工作的质量要求都有自己的质量管理。

（4）全员的质量管理   即全员参与，从企业领导、中层干部、技术人员到生产工人、服务人员等都应参与质量管理。

我国在 1978 年开始引入全面质量管理，而市场经济在 1992 年才被正式确认，当时市场拉力很弱，为急于求成，只好求助于计划经济的行政手段，搞频繁的检查评比，反使企业负担沉重，效果欠佳。大面积推广全面质量管理，应以市场公平竞争拉力为主，适当辅以行政推力。所以关键在于市场经济的健康发展。

4. 质量管理体系标准化阶段

这是在 20 世纪 70 年代末由欧洲兴起的，它逐步发展为质量管理与质量保证标准（即1987 年版和 1994 年版的 ISO 9000 族标准），现称质量管理体系要求（即 2015 年版的 ISO 9000 族标准）。这种名称上的改变，是为了更明确地阐述组织为确保其满足顾客要求的能力应达到的质量管理体系要求，同时也提高了其与 ISO 14000 环境管理体系系列标准的相容性。

国际上在大宗贸易的合同条件下，采购方无不事先评审供应商的质量管理体系，并将其中有关内容写入合同中。

现在组织可按统一的 ISO 9001 标准建立完善自己的质量管理体系，顾客可按此标准对组织进行评审。而更有效的是有了权威、公正的第三方，即认证机构，它按统一国际质量标准对其质量管理体系进行认证，因此通过认证的组织就等于取得了进入国内外市场的通行证。

目前，甚至在没有竞争的领域，如政府的行政管理部门也大力提倡质量和顾客满意的政策，开始用 ISO 9000 族标准对其机构的效率进行评审。

因此，ISO 9000 标准已成当代企业、事业单位推行全面质量管理应遵循的规范、追求的目标，这称为"ISO 9000 现象"，适用于所有行业或经济领域，不论其提供何种类别的产品和服务。

（二）2015 版 ISO 9000 族标准

1. ISO 9000 族标准的构成

ISO 9000 是国际标准化组织（ISO）在 1994 年提出的概念，是指由 ISO/TC176（国际标准化组织质量管理和质量保证技术委员会）制定的国际标准。1SO 9000 用于证实组织具有提供满足顾客要求和适用法规要求的产品的能力，目的在于增进顾客满意度。

但是，"ISO 9000"不是指一个标准，而是一族标准的统称。根据 ISO 9001：1994 的定义，ISO 9000 族是由 ISO/TC176 制定的所有国际标准。TC176 即 ISO 中第 176 个技术委员会，它成立于 1980 年，全称是"品质保证技术委员会"，1987 年又更名为"品质管理和品质保证技术委员会"。TC176 专门负责制定品质管理和品质保证技术的标准。TC176 最早制定的标准是 ISO 8402：1986，名为《品质 术语》，于 1986 年 6 月 15 日正式发布。

1987 年 3 月，ISO 又正式发布了 ISO 9000：1987、ISO 9001：1987、ISO 9002：1987、ISO 9003：1987、ISO 9004：1987 共 5 个国际标准，与 ISO 8402：1986 统称为"ISO 9000 系列标准"。国际标准化组织（ISO）对 9000 族系列标准进行"有限修改"后，于 1994 年正式发布实施 ISO 9000 族系列标准，即 1994 年版，在广泛征求意见的基础上，又启动了修订战略的第二阶段，即"彻底修改"。1999 年 11 月提出了 2000 年版 ISO/DIS9000、ISO/DIS9001 和 ISO/DIS9004 国际标准草案。此草案经充分讨论并修改后，于 2000 年 12 月 15日正式发布实施。2008 年 11 月 15 日发布了第四版，即 ISO 9000：2008。于 2015 年进行了重大修订，即 ISO 9000：2015，作为最新 ISO 9000 版本。

2. 2015 年版标准主要内容简介

ISO 9000 质量管理体系的核心是建立文件化、模板化的质量体系。标准中规定了必需的质量要素内容及实施程序，采用 ISO 9000 质量管理体系的企业在标准规定的质量要素内容及实施程序的基础上，结合自身组织机构特点、产品和服务类型，编制出本企业质量管理体系文件，确定各项质量管理工作开展的流程及记录要求。在实际质量管理工作开展过程中，要求管理人员、作业人员和验证人员都必须按规定的文件执行并加以记录，使所有质量管理工作标准统一，促使企业质量管理走上规范化、程序化、法制化的道路，保证了企业的质量管理水平与世界同步。

2015 年版 ISO 9000 族核心标准有 3 个：

① ISO 9000：2015《质量管理体系 基础和术语》；

② ISO 9001：2015《质量管理体系 要求》；

③ ISO 9004：2009《质量管理体系 质量管理方法》。

各个标准的简介如下：

(1) ISO 9000：2015《质量管理体系 基础和术语》 该标准阐述了质量管理体系的理论基础和指导思想，确定和统一了术语概念，并简述了 7 项质量管理原则和多项质量管理体系的基础知识。在此标准中还规定了质量管理体系的多个术语，可以帮助各种类型与规模的组织实施和运作有效的质量管理体系的标准。

(2) ISO 9001：2015《质量管理体系 要求》 该标准分为 10 章，分别是："范围""规范性引用文件""术语和定义""组织环境""领导作用""策划""支持""运行""绩效评价""改进"十章，另外加一个引言和两个附录。该标准规定了质量管理体系要求，用于证实其有稳定提供满足顾客要求及适用法律法规要求的产品和服务能力，目的是提高顾客满意度。

(3) ISO 9004：2009《组织持续成功的管理 质量管理方法》 该标准提供了如何在复杂的、严苛的和不断变化的环境下，通过运用质量管理方法，达到持续成功的指南。

3. ISO 9000 族标准的特点

(1) 适用于所有产品和服务类别、不同规模和各种类型的组织。

(2) 采用以过程为基础的质量管理体系模式，强调过程的联系和相互作用，逻辑性更强，相关性更好。

(3) 使用过程方法、PDCA 循环方法结合基于风险思维，三者不是机械式的组合。

(4) 强调质量管理体系是组织管理体系的一个组成部分，便于与其他管理体系相容。

(5) 强调质量管理体系与组织核心业务的融合，关注质量管理体系预期输出。

注重质量管理体系的绩效和有效性，弱化对形成文件的信息的要求。

(三) 质量管理体系

1. 总要求

质量管理体系之所以称为"体系"，是因为从顾客需求、产品实现到测量分析和改进等一系列过程是一个完整的、不能断裂的系统，是一个有机的系统集成。针对质量管理体系的过程方法及其应用，分析、阐明了过程、过程方法与其他概念的相互关系、区别，并从建立、审核质量管理体系的角度，提出了应用过程方法时应关注的问题，为过程方法的有效应用提供了指南。相关组织应按该国际标准的要求建立质量管理体系，形成文件，加以实施和保护，并持续改进其有效性。

① 识别质量管理体系所需的过程及其在组织中的应用。

② 确定这些过程的顺序和相互作用。

③ 确定为确保这些过程有效运作和控制所要求的准则和方法。

④ 确保可获得必要的资源和信息，以支持这些过程的有效运作和监视。

⑤ 监视、测量和分析这些过程。

⑥ 实施必要的措施，以实现对这些过程所策划的结果和对这些过程的持续改进。

相关组织应按照该国际标准的要求管理这些过程。

质量管理体系就是在质量方面指挥和控制组织的管理体系，它通过一组相互关联或相互作用的要素的应用，达到建立质量方针和质量目标，并实现质量目标的目的。因此，组织在按照标准的要求建立管理体系时，应综合考虑影响管理、技术、资源、过程、供方等的因素，使之达到最佳的组成，构成协调一致的整体，最终达到不断满足顾客要求、持续改进质量管理体系的有效性、实现质量目标的目的。

2. 建立和实施质量管理体系

建立和实施质量管理体系是一项复杂的系统工程，需要运用 PDCA 循环实现不断持续改进。一般包括如下过程：

① 导入阶段——对现行状态的分析和管理方法的策划；

② 体系建立——过程的运作；

③ 实施及认证——持续改进过程的建立。

3. 质量管理体系的特征

质量管理体系是动态的，随着组织内部和外部环境变化，特别是顾客需求和期望的变化，应对现行的管理方法不断进行调整，因此相关组织应及时收集、分析、评审变更的需求，需要时按照建立和实施质量管理体系的步骤对现行过程进行重组。

4. 质量管理体系的基本工作方法

标准对质量管理体系的总要求体现了 PDCA 循环（即策划-实施-检查-行动）的基本工作方法，PDCA 的方法可用于识别和控制所有过程的有效性。例如利用 PDCA 循环对质量目标的控制。

P——策划：根据组织的现状，需要管理的重点和薄弱的环节等因素，以及质量方针的要求，在相关职能和层次上建立质量目标，确定对实现质量目标有影响的过程，建立过程的运作方式和要求。

D——实施：实施并运作过程。

C——检查：对质量目标的实现状况进行监视和测量，并报告结果。

A——行动：发现偏差时采取必要措施，以持续改进对质量目标有影响过程的业绩。

5. 质量管理体系中有关质量和质量管理的术语

（1）与质量和质量管理有关的主要术语

质量（quality）：产品和服务的质量不仅包括其预期的功能和性能，而且还涉及顾客对其价值和利益的感知。

特性（characteristic）：可区分的特征。

要求（requirement）：明示的、通常隐含的或必须履行的需求或期望。

质量方针（quality policy）：由组织的最高管理者正式发布的该组织总的质量宗旨和方向。

组织（organization）：职责、职权和相互关系得到安排的一组人员及设施。

组织机构（organization structure）：人员的职责、权限和相互关系的安排。

质量管理（quality management）：在质量方面指挥和控制组织的协调的活动。

体系（system）：相互关联或相互作用的一组要素。

质量管理体系（quality management system）：质量管理体系包括组织识别其目标以及

确定实现预期结果，质量管理体系为相关方提供价值并实现结果。

质量策划（quality planning）：质量管理的一部分，致力于制定质量目标并确定必要的运行过程和相关资源，以实现质量目标。

质量控制（quality control）：质量管理的一部分，致力于满足质量要求。

质量保证（quality assurance）：质量管理的一部分，致力于提供质量要求会得到满足的保证。

质量改进（quality improvement）：质量管理的一部分，致力于增强满足质量要求的能力。

持续改进（continual improvement）：增强满足要求的能力的循环活动。

质量计划（quality plan）：对特定的项目、产品、过程或合同，规定由谁及何时应使用哪些程序和相关资源的文件。

过程（process）：一组将输入转化为输出的相互关联或相互作用的活动。

产品（product）：过程的结果。

质量特性（quality characteristic）：产品、过程或体系与要求有关的固有特性。

质量手册（quality manual）：规定组织质量管理体系的文件。

信息（information）：有意义的数据。

检验（inspection）：通过观察和判断，适当时结合测量、试验所进行的符合性评价。

试验（test）：按照程序确定一个或多个特性。

验证（verification）：通过提供可观证据对规定要求已得到满足的认定。

审核（audit）：为获得审核证据并对其进行可观的评价，以确定满足审核准则（用作依据的一组方针、程序或要求）的程度所进行的系统的、独立的、形成文件的过程。

（2）产品质量与工作质量

① 产品质量　产品可以分为两大类，即有具体实物产物的有形产品［包括硬件（如发动机机械零件）、流程性材料（如润滑油）］和没有具体实物产物的无形产品［包括服务（如运输）、软件（如计算机程序、字典）］。有形产品又常被称为"货物"。

现实生活中，人们所接受的商品往往是由不同类别的产品构成的，如在购买仪器设备时，除了获得仪器本身外，还同时获得该仪器设备的使用方法和维修保养承诺等。

产品质量通常以质量特性来表达，包括各种固有的或赋予的、特定的或定量的、各种类别的特性，具体表现为各种物理的（如机械的、电的、化学的或生物的特性）、感官的（如嗅觉、触觉、味觉、视觉、听觉）、行为的（如礼貌、诚实、正直）、时间的（如准时性、可靠性、可用性）、人体工效的（如生理的特性或有助于人身安全的特性）、功能的（如飞机的最高速度）特性。在日常工作和生活中，人们又往往把产品的质量特性归纳为如下 8 个方面。

a. 性能　产品为满足使用目的所具备的技术特性。

b. 安全性　产品在制造、储存和使用过程中，保证人员与环境免遭危害的程度。

c. 使用寿命　产品能够正常使用的期限。

d. 可靠性　产品在规定的条件下和规定的时间内，完成规定功能的能力。

e. 维修性　产品寿命周期内的故障能方便地修复。

f. 经济性　产品从设计、制造到整个使用寿命周期的成本大小。

g. 节能性　产品在制造到使用过程中的能量消耗。

h. 环保性　产品从制造、使用到失效并成为废物及其最后处置对环境的损害程度。

在具体管理上，往往是把产品的质量特性（或"代用"质量特性）用技术指标加以量化，以衡量产品的优劣。各种化验室对产品进行的质量检验，基本依据也是这些技术指标。

② 工作质量　产品（或服务）是人们劳动的结果，因此产品（或服务）质量的优劣与从事该项生产（或服务）工作的人的工作好坏有密切关系。

人们经常以工作质量来评价人的工作的好坏，由于所有的人都是围绕着产品的生产（或服务）而工作，因而可以把它视为与产品（或服务）质量有关的工作对产品（或服务）质量的保证程度。

具体的人，其工作质量又与其个人的素质密切相关。换言之，企业的产品（或服务）的质量受制于企业各部门成员的素质，更具有关键意义的是起主导作用的企业领导层的素质。

直接从事生产的部门和人员，工作质量通常以产品合格率、废品率、返修率及优质品率等技术指标进行衡量。

非直接生产部门及人员，则以其在产品从设计、试验开始到售后服务的全过程中，旨在使产品具有一定的质量特性而进行的全部活动，即质量职能的执行程度为考核。

一般地说，部门的质量职能完成程度是部门人员工作质量的综合反映。

按照现代的质量观点，产品（或服务）质量是组织（企业）各部门及人员工作质量的反映。因此，只有抓好各个部门、各个相关环节的人员工作质量，产品（或服务）的质量才能够得到保证。或者说，只有部门和人员的工作质量有了提高，产品（或服务）的质量才可能得到提高。现代质量观是把对产品（或服务）质量的管理重点转移到产品（或服务）的质量的形成过程之中，甚至提前到策划、设计阶段，实施"预防"的管理，从而使产品（或服务）质量产生飞跃提高。

（四）化验室在质量管理中的作用

过程企业，如油气化工、食品医药等属于连续生产型企业，生产过程是产品质量形成的主要环节，产品的质量在很大程度上依赖于生产过程的控制，所以过程质量控制特别重要。只有过程持续受控，才能保证最终产品的质量。化验室是过程企业的专职质量检验机构，一方面对企业产品的生产进行质量检验，为企业的生产服务；另一方面产品质量检验是具有法律意义的技术工作，客观上发挥了代表用户对企业生产的监督和对企业产品检查验收的作用。化验室在企业质量管理工作中是一个独立的工作机构，直属企业负责人领导。

由于产品质量检验工作存在的意义，无论是传统的质量管理还是当今社会流行的现代质量管理，化验室在企业质量管理工作中都有举足轻重的重要地位。

1. 化验室在生产中的质量职能

① 认真贯彻国家关于产品（或服务）质量的法律、法规和政策，严格执行产品技术标准、合同和有关技术文件，负责对产品生产的原材料进货验收、工序和成品检验，并按规定签发检验报告。

② 确立质量第一和为用户服务的思想，充分发挥质量检验对产品质量的保证、预防和报告职能，以保证进入市场的产品符合质量标准，满足用户需要。

③ 参与新产品开发过程的审查和鉴定工作。

④ 认真贯彻国家关于产品（或服务）质量的法律、法规和政策，制定和健全本企业有关质量管理、质量检验的工作制度。

⑤ 发现生产过程中出现或将要出现大量废品，而尚无技术组织措施的时候，应立即报

告企业负责人，并通知质量管理部门。

⑥ 指导、检查生产过程的自检、互检工作，并监督其实施。对违反工艺规程的现象和忽视产品质量的倾向，有权提出批评、制止并要求迅速改正，不听规劝者有权拒检其产品，并通知其领导和有关管理部门。

⑦ 认真做好质量检验原始记录和分析工作，并按日、周、旬、月、季、年编写质量动态报告，向企业负责人和有关管理部门反馈，异常信息应随时报告。

⑧ 参与对各类质量事故的调查工作，追查原因，按"三不放过"原则组织事故分析，提出处理意见和限期改进要求。遇有重大质量事故，应立即报告企业负责人及上级有关机构。

⑨ 对企业负责人作出的有关产品质量的决定有不同意见时，有权保留意见，并报告上级主管部门。

⑩ 负责发放、管理企业使用的计量器具，做好量值传递工作。对生产中使用的工具、仪表、计量器具等，按计量管理规范定期进行检验（或送检），以保证其计量性能及生产原始基准的精确性。对未按期送检的仪器、仪表、计量装置，有权停止使用。

⑪ 加强自身建设，不断提高检验人员的思想素质、技术素质和工作质量，确保专职检验人员的质量管理前卫作用。

⑫ 加强质量档案管理，确保质量信息的可追溯性。

⑬ 积极研究和推广先进的质量检验和质量控制方法，加速质量管理和检验现代化。

⑭ 积极配合有关部门做好售后服务工作，努力收集用户信息并及时反馈。

⑮ 制订、统计并考核各个生产车间、部门的质量指标，并作出评价。

2. 质量检验在质量管理中的作用

（1）质量检验　质量检验是运用一定的方法，测定产品的技术特性，并与规定的要求进行比较，做出判断的过程。

码3-5　质量检验在质量管理中的作用

质量检验是化验室的核心工作，也是完成化验室部门职责的基础。通常由如下要素构成：

① 定标　明确技术指标，制订检验方法。

② 抽样　随机抽取样品，使样品对总体具有充分的代表性。如需要进行"全数检验"者，则不存在"抽样"问题。

③ 测量　对产量的质量特征和特性进行"定量"的测量。

④ 比较　将测量结果与质量标准进行比较。

⑤ 判断　根据比较结果，对产品进行合格性判定。

⑥ 处理　对不合格产品作出处理，包括进行"适用性"判定。

⑦ 记录　记录数据，以反馈信息、评价产品和改进工作。

（2）质量检验的职能

① 保证职能　通过检验，保证凡是不符合质量标准而又为经济适用性判定的不合格品不会流入下道工序或者市场，严格把关，保证质量，维护企业信誉。

② 预防职能　通过检验，测定工序能力以及对工序状态异常变化的监测，获得必要的信息，为质量控制提供依据，以及时采取措施，预防或减少不合格产品的产生。

③ 报告职能　通过对监测数据的记录和分析，评价产品质量和生产控制过程的实际水平，及时向企业负责人、有关管理部门或上级质量监管机构报告，为提高职工质量意识、改进设计、改进生产工艺、加强管理和提高质量提供必要的信息。

在传统的质量管理中，检验部门实际上只行使了其"保证职能"的作用，而现代质量管理要求充分发挥质量检验的"三职能"的作用。

3. 化验室质量体系的运作

① 依据《化验室认可准则》，不断增强建立良好化验室的信心和机构。

② 建立监督机构，保证工作质量。

化验室质量体系建立的目的是明确的。但是，体系的运行如果缺乏必要的监督，则其效果和效率将难以保证。

③ 通过对化验室质量体系工作的监督，使化验室的日常检验工作处于严密的控制之下，化验室的检验数据和其他信息的可靠性、准确性也就能够不断提高，从而达到正确指导及控制生产的目的，促进企业产品质量的稳定提高。

④ 认真开展审核和评审活动，促成体系的完善。经常开展审核和评审活动，可以使人们发现自己的不足，发现组织的差距，同时也产生促进体系完善的动力。

⑤ 加强纠正措施落实，改善体系运行水平。加强纠正措施的落实，从而使人们及时地从错误中吸取教训，获得经验的积累，充分发挥质量体系的特殊优势——强有力的监督机制和运行记录的作用，将有利于改善体系的运行水平。

⑥ 努力采用新技术，提高检测能力。质量体系的运行，不但对质量检验工作质量的提高是强有力的促进，而且随着社会生产的发展，对质量检验的工作不断提出新要求，化验室必须不断改善自己的技术能力，不断地吸收、采用新技术。因而，对化验室的质量管理，也是推动化验室技术水平提高的重要动力。

⑦ 加强质量考核，促进质量职能落实。只有高质量的检验，才能保证对企业生产进行有效的质量监督，实现化验室的质量职能。

为此，必须对化验室人员实行经常性的质量考核，通过考核发现和查明各种不良影响因素，并加以克服和消除，促进工作人员工作质量的提高，从而实现检验工作的高质量，使化验室的质量职能得到真正的落实。

二、化验室检验质量保证体系

自 1987 年 ISO/TC176 "国际标准化组织质量管理和质量保证技术委员会"正式成立以来，相继制定了一系列标准（ISO 9000 族系列标准），这为各国建立质量体系和质量管理标准提供了借鉴。我国的 GB/T 19000 系列标准就是从 ISO 9000 族系列标准等同转化而来的。其中，GB/T 19001—2016《质量管理体系 要求》适用于各种类型、不同规模和提供不同产品的组织，构建化验室检验质量保证体系并使之运行，是企业实施全面质量管理（TQC）的重要组成部分，是非常重要和十分必要的。

（一）化验室检验质量保证体系构建

1. 化验室检验质量保证体系构建的依据

化验室的检测质量保证在企业的质量保证体系之下运行，应该属于企业质量保证体系下的一个子体系，包括：仪器设备、人员资质及培训、分析方法、化验室环境条件等方面的管理及运行。化验室检验质量保证体系构建的依据是 GB/T 19001—2016《质量管理体系 要求》，采用过程方法，该方法结合了"策划-实施-检查-处置"（PDCA）循环与基于风险的思维。过程方法使组织能够策划过程及其相互作用。PDCA 循环使组织能够确保其过程得到充分的资源和管理，确定改进机会并采取行动。基于风险的思维使组织能够确定可能导致其过程和质量管理体系偏离策划结果的各种因素，采取预防控制，最大限度地降低不利影响，并最大限度地利用出现的机遇。

2. 化验室检验质量保证体系的基本要素

根据 GB/T 19001—2016《质量管理体系 要求》标准要求，一般质量保证体系的要素分为物质、能量、信息。企业在实施全面质量管理（TQC）时，必须建立化验室质量体系和化验室检验系统，化验室质量体系应包括化验室的组织结构、管理程序、管理过程和化验室资源。化验室检验系统主要包括系统的人力资源、仪器设备及材料、文件资料等。化验室检验系统除了按产品执行的标准或相关规定进行产品质量最终检验之外，根据 GB/T 19001—2016 中产品实现的策划应与质量管理体系其他过程的要求相一致的原则，既要进行生产过程控制的检验，又要为满足顾客要求，进行新产品试验等检验。要使上述各方面的检验工作和结果质量得到保证，就必须使检验的各个环节质量得到保证。所以，化验室检验质量保证体系的基本要素应包括检验过程质量保证，检验人员素质保证，检验仪器、设备和环境保证，检验质量申诉处理，检验事故处理 5 个方面。

3. 化验室检验质量保证体系的构建

构建化验室检验质量保证体系，就是要围绕体系中 5 个方面的要素进行。根据 GB/T 19001—2016《质量管理体系 要求》标准要求，操作时按以下步骤：

① 建立管理组织机构，并确定其各自职能。

② 确定质量管理体系要素和控制程序，明确化验室质量方针和目标。

③ 根据需要配置相应的检验仪器设备，制订管理及使用办法。

④ 具备与检测任务相适应的检验工作和仪器设备运行环境。

⑤ 明确各岗位人员的素质和能力，制订保证体系中各岗位人员安全生产的岗位责任制和岗位职责。

⑥ 制订检测工作质量申诉处理和检验事故分析报告制度。

⑦ 建立内部工作文件（包括质量管理手册、规章制度、检测实施细则或安全技术操作规程等）的制订、颁发、修改制度，建立化验室实现量值溯源的程序。同时，还要联系化验室自身的实际，力求做到科学、合理、有针对性和实用性、可操作性强。

（二）化验室质量管理手册的基本内容

编制《化验室质量管理手册》是一项全面和综合的工作。《化验室质量管理手册》应包括以下基本内容：上级组织关于不干预分析检验工作质量评价的公正性声明、关于颁发《化验室质量管理手册》的通知、中心化验室关于分析检验质量评价的公正性声明、法定代表授权委托书、各类人员岗位责任制、计量检验仪器设备的质量控制、分析检验工作的质量控制、原始记录和数据处理、检验报告、日常工作制度等。现举例简单说明如下。

1. 上级组织关于不干预分析检验工作质量评价的公正性声明

×××中心化验室：

根据原国家技术监督局颁发的《产品质量检验机构计量认证技术考核规范》（JJF 1021—1990）的规定，即质量评价工作不受外界或领导机构的影响，保证质检机构的第三方公证地位，确保质量评价工作的顺利进行，现特作如下声明：

（1）中心化验室行政上归属公司（企业）领导，但分析检验业务工作是独立的，中心化验室独立对其分析检验结果负责。

（2）公司（企业）及相关部门不得以任何方式干预中心化验室的分析检验质量评价工作，以确保质检机构的第三方公证地位。

（3）公司（企业）及相关部门支持中心化验室的分析检验工作和质量评价工作。

（4）送检样品的单位有权向上级单位反映意见。

×××公司（企业）（签章）

法定代表：×××

年　　月　　日

2.关于颁发化验室质量管理手册的通知

×××公司（企业）中心化验室的任务包括生产中原辅材料、半成品和产品的分析检验，以及新产品试验等科研和技术培训。其核心任务是通过分析检验工作，对送检样品的质量水平作出公证、科学和准确可靠的评价。为保证这一任务的完成，确保分析检验工作的质量，我们认真结合中心化验室的实际工作情况，以 GB/T 19003《质量体系 最终检验和试验的质量保证模式》标准要求等为依据，在大量的调查研究基础上组织专人编制了中心化验室《化验室质量管理手册》。

该手册汇集了中心化验室的各项制度与规定，为了对影响分析检验质量的各种因素进行有效的控制，手册中着重对检验人员素质，检验仪器、设备和环境，检验质量申诉处理，检验事故处理等几个方面提出了明确的要求。《化验室质量管理手册》为×××公司（企业）中心化验室开展分析检验工作的规定性文件，中心化验室全体工作人员必须以该手册为依据，以高度负责的精神，认真履行岗位职责，及时、准确地完成各项分析检验工作，为本公司（企业）内外生产企业指导和控制生产正常进行、原辅材料和产品质量的确认、技术改造或新产品试验等提供满意的服务，为×××公司（企业）的生产、科研和技术培训等做出贡献。

该手册经×××公司（企业）领导审核，现予以公布，中心化验室全体工作人员务必遵照执行。

×××公司（企业）中心化验室（签章）

年　　月　　日

3. ×××公司（企业）中心化验室关于分析检验质量评价的公正性声明

为了保证中心化验室所有分析检验质量及其公正性，特作如下声明：

中心化验室所有分析检验工作必须由经过考核合格的技术人员进行，严格按照《化验室质量管理手册》的规定，以科学认真的态度和熟练的操作技术完成各项分析检验任务。做到检验数据准确可靠，判定公正，保证提供符合规定质量的服务，对出具的分析检验报告负责。

中心化验室的一切分析检验工作，坚持以分析检验数据为结果判断的唯一依据，检验工作不受行政、经济及其他利益的干预。

完整保存分析检验的原始记录和数据，随时备查。

为服务单位保守技术秘密，分析检验人员不从事与检验样品有关的技术咨询和技术开发工作。

×××公司（企业）中心化验室（签章）

年　　月　　日

4.法定代表授权委托书

兹委托下述同志担任×××公司（企业）中心化验室主任职务。

姓名：

性别：

职务：

技术职务：

工作单位：

单位地址：

×××公司（企业）（签章）

法定代表：×××

年　　　月　　　日

5.概述

（1）中心化验室基本情况。

（2）业务范围和分析检验项目。

（3）质量保证体系（包含人员培训计划及实施）。

6.各类人员岗位责任制

（1）中心化验室主任职责。

（2）中心化验室副主任职责。

（3）技术负责人职责。

（4）质量保证负责人职责。

（5）分析检验人员职责。

（6）样品收发人员职责。

（7）技术档案管理人员职责。

（8）设备维修人员职责。

（9）人员培训及计划。

7.计量检测仪器设备的质量控制

（1）检测仪器设备管理办法。

（2）仪器设备及鉴定周期一览表。

（3）标准物质和仪器校验用基准物一览表。

8.分析检验工作的质量控制

（1）分析检验工作流程。

（2）分析检验质量标准。

（3）分析检验实施细则。

（4）对分析检验设备的要求。

（5）分析检验工作开始前的检查程序。

（6）分析检验工作的质量控制。

（7）分析检验工作结束后的检查程序。

（8）未知物剖析（综合分析）工作流程。

9.原始记录和数据处理

（1）原始记录。

（2）数据处理。

10.检验报告

（1）检验报告的内在及外在质量。

（2）检验报告的审批。

（3）检验报告的发送。

（4）检验报告的更改。

11.日常工作制度

（1）检验工作制度。

（2）样品管理制度。

（3）仪器及标准物质的管理制度。

（4）检验质量申诉制度。

（5）技术资料的管理及保密制度。

（6）分析检验室的管理制度。

（7）《化验室质量管理手册》执行的情况检测制度。

（8）其他制度。

12.组织机构框图

13.中心化验室和分析检验室建筑平面分布图

14.中心化验室负责人及工作人员名单

15.附录

（1）检验项目表。

（2）代码索引和标准方法索引。

16.图表目录

图1　质量保证体系框图

图2　检验流程框图

图3　未知物剖析（综合分析）工作流程

图4　组织机构框图

图5　中心化验室和分析检验室建筑平面分布图

表1　中心化验室近年（往前2年内）的人员培训情况

表2　中心化验室近年（往后2年内）的人员培训情况

表3　仪器设备及鉴定周期一览表

表4　标准物质和仪器校验用基准物一览表

表5　中心化验室工作人员一览表

表6　校验项目一览表

表7　中心化验室检验报告单（中文，必要时应有英文）

表8　委托检验送样单

表9　中心化验室仪器设备降级使用申请表

表10　中心化验室分析检验事故报告

表11　样品检验原始记录表

表12　中心化验室资料存档登记表

表13　中心化验室仪器设备停用或报废使用申请书

表14　中心化验室仪器设备故障报告单

表15　中心化验室检验质量申诉处理登记表

表16　中心化验室技术资料销毁登记表

表17　中心化验室仪器设备维修记录表

表18　精密仪器使用登记表

三、检验过程质量保证

1. 检验过程

化验室调度接到报检单（包括常规送检通知、临时工艺抽样检验指令、临时性抽检申请等）后，通知采样组采样，采回的试样送调度。调度将验收合格的报、送检样品送制样室进行制备，制好后返回调度，调度依据样品的检验要求送有关的检验组（室），如原料组（室）、中检组（室）和成品组（室）。有关的检验组（室）检查验收样品后，留取部分样品作为副样保存（也可由调度安排保存），然后安排具体人员进行检验、结果数据处理、填写检验报告，再交检验组（室）负责人审核签字，送调度。调度接收检验报告，汇总、登记台账后发出正式检验报告书。在日常的检验过程中如出现异常情况，调度将根据质量负责人的要求，派出相关的技术监督人员（技术监督人员可从相关职能部门抽派），查明原因并做出相应的处理。检验过程质量保证详见图 3-5。

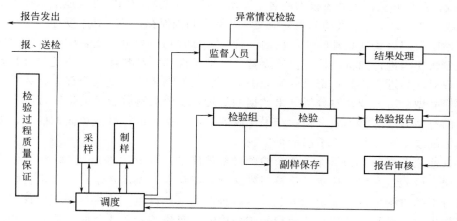

图 3-5　检验过程质量保证

2. 检验过程的质量控制

码3-6　检验过程
质量保证（一）

码3-7　检验过程
质量保证（二）

（1）制定标准化作业流程　参照国家和行业标准，结合企业实际，制定标准化的操作规程和检测实施细则，要求化验人员必须严格地遵照标准化作业细则进行操作。同时要经常对标准化工作进行评估，发现改善的机会，努力实现更好的办法。标准化作业将作业方法的每一操作程序和每一动作进行分解，形成一种优化作业程序，逐步达到安全、准确、高效、省力的作业效果。

推行标准化作业可以提高操作过程安全性，消除浪费和不合理的操作和波动，改善工作质量，为持续改进提供依据，提升解决问题的有效性，提高人员利用率，便于观察常态和非常态状况，满足客户的持续改变对质量的期望值，有助于解决问题和开展改善活动，从而更有效和持久地进行检验质量改善。

（2）采样和制样质量控制　样品一般为固体、液体和气体，采样的方法和要求各不相同。对采样的基本要求是所采取的样品应具有代表性和有效性。要做到这一点，采样应按照规定的方法或条例进行，以保证采样环节的质量。制样是使样品中的各组分尽可能在样品中分布均匀，以使进行检验的样品既能代表所采取样品的平均组成，又能代表该批物料的平均组成。所以，制样也应该按照规定的方法或条例进行。

（3）规范原始记录　原始记录是记述检验过程中各种实验现象及检测数据的原始资料。因此，必须详细记录，以保证其科学性、严肃性、真实性和完整性。要规范原始记录本格式，明确内容和要求，统一印制，使之科学、合理、规范。原始记录是检测过程和结果的真实记录，所有要求的数据必须客观、规范、如实、及时填写在原始记录本上，不得任意涂改、删减。确需更改时，由检测人员本人更正，在改动数据上画一横线表示消去，在其上方或旁边写上更正数据，并由更改人签章。填写时统一用圆珠笔或黑色中性笔，不能用铅笔填写。要详细、清楚、真实地记录测定条件、仪器、试剂、数据及操作人员。如有缺项，应在格内画一斜线。还应有测试人和校核人签名。原始记录应在实验的同时真实地记录在本上，不应事后回忆或转抄。原始记录及检测报告应交至档案室归档保存，使之处于受控。

（4）检验与结果数据处理的质量控制　检验人员收到检验组（室）检查验收的样品，应根据检验方法要求进行准备，检查仪器设备、环境条件和样品状况。一切正常后开始按规定的操作规程对样品进行检验，记录原始数据。检验工作结束后，复核全部原始数据，确认无误后，对样品做检后处理。对分析结果数据的处理，要遵循有效数字的运算规则和分析结果数据处理的有关方法进行。要求检验结果至少能溯源到执行的标准或更高的标准，如国家标准、国际标准或某些方面要求更高的标准。

（5）其他注意事项　为了保证整个检验过程的质量，除上述两方面外，填写的检验报告应准确无误；检验组（室）负责人审核报告必须仔细认真；调度在汇总、登记台账及发出正式检验报告书的过程中也不能疏忽大意；因各种原因（如停电、停水、停气、仪器设备发生故障、工作失误、样品问题等）造成检验工作中断，且影响检验质量时，应做好相应记录并向上一级负责人报告，恢复正常后，该项检验应重新进行，已测得的数据作废。

对于大专院校和科研单位的中心化验室或分析测试中心，其主要任务是为本单位和社会提供分析检验服务。其分析检验的过程与生产企业化验室的分析检验过程有一些差异，详见图 3-6。

四、检验人员综合素质保证

化验室检验系统的各类检验人员的综合素质必须达到检验质量保证体系明确规定的要求，否则不能上岗。质量检验职能实施的有效性，主要通过检验人员的工作质量来保证，而检验人员工作质量的基础又在于本身的素质。怎样保证各类检验人员的素质呢？主要可以从以下几个方面进行控制。

（一）品质要求

检验人员对国家、对用户的责任感是检验人员任职的首要条件。检验人员必须认真负责、处事公正、坚持原则，处理检验数据时应公正准确、严谨认真，严格按国家的检验标准及规范进行工作，绝不能出具不负责任的检验报告。

检验人员还应具有良好的思想政治素质、社会责任感、与时俱进的意识和行动，勤学上进，跟上时代发展的步伐；遵守公民基本道德规范，具有良好的职业道德和行为规范，健康

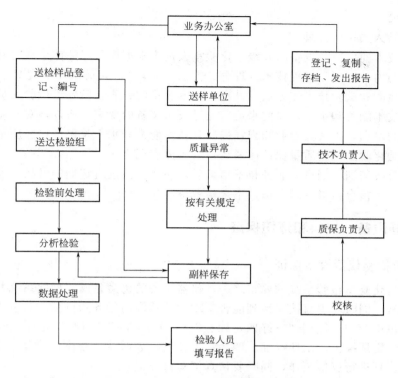

图 3-6　主要面向社会服务的检验过程

的生理和心理素质，以及资源和环境等可持续发展意识；具有与社会主义市场经济建设相适应的竞争意识以及较强的事业心和责任感；爱岗敬业，热爱企业及自己的工作岗位，有较强的团队精神和与人合作的能力；具有吃苦耐劳、艰苦创业和勇于创新的精神。

（二）体质要求

体质是检验人员任职的自然条件。无论是用仪器检测还是手感目测，都离不开人体运动器官和感官的功能。对检测人员的感觉和知觉都有一定的要求，特别提出对有颜色辨别困难的人，一般不适合承担检验工作。检验工作是一项紧张、细致的工作，检验人员需胆大心细。有些检验工作还要搬移大型的检验设备，并要在有限的时间内完成相当的工作量，因此检验人员要有健康的体质。

（三）专业技能素质要求

1. 专业知识素质

专业知识素质主要从掌握专业知识和技能以及胜任检验工作等方面讲，化验室一线的检验人员起码应该获得中等职业技术教育学历或更高的学历。目前我国大多数企业对一线检验人员的要求会逐步地提高到职业技术教育专科学历或更高层次学历工业分析技术专业的毕业生。这些毕业生从专业知识和技能方面看，掌握了必需的科学文化基础知识、常用的化学分析方法和仪器分析方法的基本原理及操作技能；能正确理解和执行检验岗位的规范和技术标准；能正确选择和使用检验工作中常用的化学试剂，正确使用常用的分析仪器和设备，并能进行常规维护与保养；能正确处理检验数据和报告检验结果；对日常检验工作中出现的异常现象能找出原因，提出改进方法；掌握检验岗位的安全和环境保护知识。随着企业以及化验室的技术进步，对使用大型精密检测仪器及从事比较复杂检验工作或研究性分析工作的检验人员，要求会更高。

2. 实施检验人员培训计划

随着检测技术的更新及设备的升级，化验室人员应根据质量保障体系适时制订相应的培训计划，培训的内容可以是管理技术（理念、方法和手段）、人员素质的提高、先进的仪器设备、先进的检测和试验技术或方法。其中，技术装备的领先，就要求检验人员必须进行知识更新，提高技术能力和水平，以此来适应先进技术装备的要求。所以，对检验人员进行有计划和针对性的培训，扩展其专业知识，提高其技术能力和水平是保证检验质量必须经常进行的工作，也是化验室检验质量保证体系运行的具体表现之一。

对检验人员按培训计划进行业务技术培训后，还要对其进行定期的考核，考核成绩记入个人业务档案，考核合格者受聘上岗，不合格者待岗学习。

五、检验仪器设备、材料和环境保证

（一）分析检验仪器设备保证

仪器设备是化验室检验系统的要素之一，仪器设备的优劣是反映检验系统分析检验能力高低的重要因素。同时，也直接关系到能否实现检验系统的任务和目标。对主要设备和计量器具实行专人包机管理，做到"三好四定四会"。三好：管好、用好、完好。四定：定人保管、定点存放、定期维护、定期校准。四会：会使用、会保养、会检查、会排除故障。设备包机人员必须认真进行巡检工作，同时要认真填写检查记录。

码3-9　检验仪器
设备保证

仪器设备使用应满足以下要求：a.仪器设备使用环境满足使用要求；b.新仪器设备正式使用前必须进行鉴定；c.主要仪器设备应制订操作规程，内容包括操作方法、安全注意事项、维护方法等；d.使用人员必须熟悉使用说明书，掌握使用方法，严格操作规程，维护仪器性能，保持仪器清洁；e.大型精密仪器设备实行专人管理，培训合格上岗；f.化验室仪器设备需建立使用登记制度，使用时应做好开机校验并认真填写使用登记。

对国家和地方明确规定的强制性计量检定的仪器设备，必须按照规定检定周期进行检定/校准，对新购置的仪器设备，应进行检定/校准后方可使用。对无检定规程或无法检定的设备，要自行进行校准，并做好校准记录。仪器设备检定/校准后，按照结果进行三色标识管理，"绿色"为合格，"黄色"为准用部分使用，"红色"为不合格停用。

检定好的设备要定期进行维护保养，发现检测和计量设备偏离标准状态时，应评定已检测化验结果的有效性，并对数据重新进行评估和检测。同时设备要保持位置相对固定，不宜经常挪动，在搬动过程中要做好防震、防损坏措施，确保设备的准确度和适用性，并要进行校准比对。检验仪器、设备和环境保证见图 3-7。

（二）分析检验仪器的材料保证

1. 通用化学试剂

化学试剂是化验室检验系统经常性消耗而且使用量较大的材料。化学试剂的优劣，对检验结果质量的影响非常大。化学试剂依据其纯度和杂质含量的不同而分成不同的级别。不同级别的化学试剂，其用途具有较大的差别。所以，工业生产的原料、半成品、成品（产品）的检验方法和用于其他方面的检验方法，对使用的化学试剂级别都有明确的规定。因此，在选择和使用具体检验工作的化学试剂时，必须严格遵守这些规定。

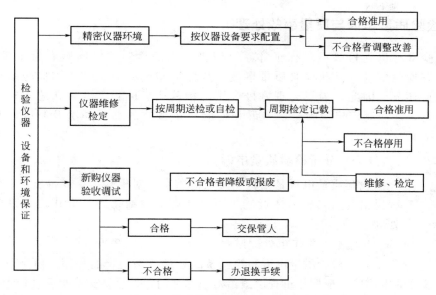

图 3-7   检验仪器、设备和环境保证

2. 标准物质

标准物质主要用于研究分析检验方法，评价分析检验方法，同一化验室或不同化验室间的质量保证，校准仪器设备和检验结果等。所以，它与检验工作和检验结果的质量是密切相关的。我国把标准物质分为两个级别，分别为：一级标准物质，代号为 GBW；二级标准物质，代号为 GBW(E)。一级标准物质和二级标准物质本身的要求有一定的差别，其用途也有一定的差别。因此，在检验工作中，校准测试仪器或检验结果时，一定要按规定正确地选用不同级别的标准物质，并注意标准物质的有效使用期，否则，将可能影响到检验工作和检验结果的质量。

（三）分析检验的环境保证

仪器设备及各种计量器具是检测化验工作的基本工具，其完好程度和准确度将直接影响检测结果的稳定性和准确性，同时影响到产品质量的评判。为保证检测结果的准确度和有效性，化验室应具备与检测任务相适应的工作环境，以满足温度、湿度、粉尘、噪声、磁场、电场、通风、采光、给排水和防火等方面要求，并配置必要的环境监控设备，对可能影响检测化验的环境因素进行有效监控。各种测试仪器和检测设备都对运行环境指标有明确要求，特别是一些精密仪器，要求运行环境指标较高。实际工作中，必须按要求严格控制测试仪器和检测设备的运行环境。表 3-2 是某型号原子吸收分光光度计的运行环境要求。其他测试仪器和检测设备也都有相应的运行环境要求。

表 3-2   某型号原子吸收分光光度计的运行环境要求

设备名称	主要技术指标	购置时间	设备价值/元	主要运行环境指标要求	主要技术负责人
原子吸收分光光度计	波长范围：190～900nm 分辨率：优于 0.3nm	2001 年 9 月	48000	室温(5～35℃)，避免阳光直射，无强烈震动或持续弱振动；无强磁场、强电场、高频波；湿度 45%～85%；无测量光谱范围内有吸收的无机或有机气体、腐蚀性气体；无烟和少灰尘；有排气装置	××

六、分析检验质量申诉与质量事故处理

尽管化验室已建立检验质量保证体系，但极个别的检验质量问题有时也难以避免。正确地处理好检验质量申诉和检验质量事故，是保证和提高检验工作和检验结果质量必不可少的重要环节。因此，为了处理好极个别的检验质量问题，要求在建立检验质量保证体系的同时，还应制定出检验质量申诉和检验质量事故的处理办法及制度，并认真地加以执行。

码3-10 分析检验
质量申诉

（一）分析检验质量申诉

检验质量申诉是指检验结果的需求方对检验结果或得出检验结果的过程提出疑问或表示怀疑，并要求提供检验结果的一方作出合理的解释或处理。

1. 检验质量申诉处理过程

遵照检验质量申诉和检验事故处理方法规定的程序，由企业对应部门收到检验需求方的申诉后，根据严重程度报给对应的部门，然后转交检验质量负责人，由检验质量负责人检查该项检验的原始记录和所使用仪器设备的状态，了解检验操作方法及检验过程。在此基础上召集相关的人员，通报了解的情况，分析原因，最后确定处理方案。检验质量申诉处理详见图 3-8。

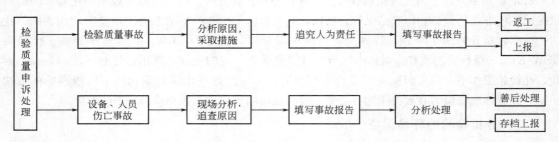

图 3-8　检验质量申诉处理

2. 检验质量申诉结果处理

通过前述的检验质量申诉处理过程，对检验质量申诉结果处理的方案一般有两种情况：第一种，如果检验结果正确无误或检验过程合理，则通知申诉方，做好解释工作和其他善后事宜；第二种，如果对检验结果的正确性有怀疑或检验过程确有差错，则重新校正仪器设备，对保留副样或新取样进行重新检验，并由检验质量负责人监督检验的整个过程，按规定程序得出和送出检验报告。

对检验质量申诉材料、处理检验质量申诉所采取的措施及处理结果，应详细记录并归档保存。

（二）分析检验质量事故处理

1. 检验质量事故类别

（1）检验质量事故是指由于人为的差错导致检验结果质量较差，造成了不好的影响。

（2）仪器设备损坏或人身伤亡事故是指在检验工作过程中，由于人为的差错或一些客观的、不可预见的因素（如电压突然急升，突然停电、停气、停水，或仪器设备温度失控等），导致仪器设备损坏或造成人身伤亡。

质量事故也可按照造成损失的大小和对企业声誉影响的不同程度划分为：重大质量事故、严重质量事故、一般质量事故。

2. 检验质量事故处理过程

（1）检验质量事故按检验质量事故处理办法规定的程序，由检验质量负责人组织相关人员，进行各方面调查了解，分析造成这种人为差错的原因，分清人为责任的比重，采取相应的处理措施，追究相关人的责任。

（2）仪器设备损坏或人身伤亡事故由检验质量负责人和安全工作负责人组织相关人员，认真勘查事故现场，向相关人员了解情况，查明事故各方面的原因，召开专门会议，分析原因，研究处理方案。检验质量事故处理详见图 3-9。

码3-11　分析检验
质量事故类型

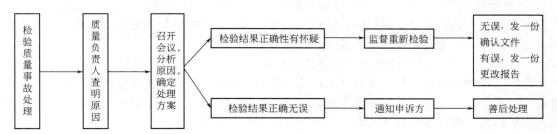

图 3-9　检验质量事故处理

3. 检验质量结果处理

（1）检验质量事故结果处理　通过前述的检验质量事故处理过程，在分清人为责任比重的基础上，做出相应的行政处分，包括批评教育、通报批评、警告、降级、严重警告、留职察看、辞退。如果没有造成重大事故，一般对责任人给予批评教育，促使其增强工作责任心，提高自身的检验工作技能和检验工作质量。同时，尽快对保留副样或新取样进行重新检验，按规定程序得出和送出检验报告，填写事故报告，上报存档。

（2）对仪器设备损坏或人身伤亡事故结果处理　如果是人为因素造成的此类事故，应分清人为责任的比重，采取相应的行政手段和经济手段，追究责任人应承担的责任。同时，应及时对损坏的仪器设备进行修理、调试和鉴定，尽快恢复使用（不能修好的例外）。有人身伤亡的，做好相应的善后处理工作。对事故的处理过程和处理结果，应进行详细的登记、存档，并填写事故报告，上报存档。

七、检验质量保证体系运行的内部监督评审

1. 内部监督评审的作用

实施化验室检验质量保证体系运行的内部监督评审，是为了促进化验室检验质量保证体系能充分有效地运行。我国已是世界贸易组织（WTO）的成员国，为了和国际质量管理或标准接轨，国家的质量管理方针、政策、标准和有关规定会依情况的变化而作出相应的调整，相关企业的质量方针和质量体系也会作出相应的调整。因此，化验室检验质量保证体系必须作出具体的调整来与企业的质量方针和质量体系相衔接。如对检验质量保证体系的有关文件进行修改、说明和补充，进行仪器设备的更新换代，实施技术人员的培训等，以满足实际工作的需要。

2. 内部监督评审的程序

（1）建立组织机构　实施内部监督评审，先应建立由企业质量管理部门负责人及相关管

理和技术人员组成的监督评审组，并制定相应的工作程序的制度，确定工作任务。

（2）内部监督评审的任务　内部监督评审的任务是审查检验质量保证体系的各种文件和技术资料，进行现场检查和评审，并作出检查评审报告。

（3）内部监督评审工作　内部监督评审工作可分为审核文件、现场评审的准备、现场检查与评审和提出评审报告4个方面。

① 审核文件是实施现场检查与评审的基础工作。审核的主要内容是质量管理手册及检验质量保证体系的其他文件资料。其目的是了解化验室检验质量保证体系的运行情况，督促化验室根据情况的变化和实际的需要对检验质量保证体系的有关文件进行修改、说明和补充等。

② 现场监督评审组实施现场检查的准备工作是在审核文件之后，根据需要进行的预备工作，预备工作包括监督评审组成员的分工、确定现场检查的日期及进度、明确检查的重点项目和检查方法、准备评审记录表等。

③ 现场检查与评审是在通过审查检验质量保证体系的各种文件之后，对检验质量保证体系实际运行情况进行了解，并对其运行的实效性作出评审，判定化验室检验系统是否真正具备检验质量保证体系规定的要求和能力。这是以现场的实际情况为对象，掌握信息和情况以判定检验质量保证体系的质量保证能力，在此基础上得出评审结论。

现场检查与评审大致可分为4个步骤进行，即首次会议、现场审核、编写评审报告和总结会议。

a.首次会议　首次会议是由监督评审组组长主持，主要内容有：与化验室相互介绍成员；确认检查范围；确定检查评审的方法和程序；磋商如何保证检查组能及时得到评审所需的与检验质量保证体系有关的资料和记录；安排人员配合等。正式检查之前可在化验室有关人员陪同下参观化验室的专业工作室、技术档案等。

b.现场审核　现场审核按照监督评审组制订的计划和检查表所要求的内容进行，也可根据实际情况适当调整。现场审核是较关键的环节，要深入细致地逐项检查和审核，其方式可以灵活，按情况而定，一般有面谈，查阅文件和记录，审核主要仪器设备数量及运行状况，观察现场的检验实际工作等。

c.编写评审报告　监督评审组全体成员研究检查情况，对检查情况进行实事求是的评审，要有明确的结论，如合格、待改进、不合格。评审的程序一般是首先根据各个检查项目的检查情况，对其作出评价总结，其次是对检查质量保证体系的要素作出恰当的评价，最终对检查质量保证体系总的情况作出综合的评价结论。

d.总结会议　总结会议是监督评审组向化验室通报监督评审结果，化验室负责人及相关人员参加，由监督评审组组长报告，并就有关问题进行说明。化验室负责人应对监督评审结果表态，提出意见和必要的解释，双方在监督评审上签字。

④ 提出评审报告　监督评审组经过现场检查与评审后，由监督评审组编写经全组成员签字的评审报告，该报告是检查工作程序的总结报告，其中包含检查所依据的文件、现场检查记录表、检查出不合格项目记录、有争议问题的记录以及检查质量保证体系实际运行情况与其规定标准相符合的程度评价等。

对评审中发现的问题，属于硬件方面的，如仪器设备不足等，监督评审组应会同化验室向上一级部门反映，争取得到解决；属于软件方面的，如管理制度等，则应敦促化验室及时给予改进。

任务小结

化验室质量保证基本方案	化验室质量管理	质量管理的发展历程	(1)质量检验阶段 (2)统计质量控制阶段 (3)全面质量管理阶段
		2015年版ISO 9000族标准	ISO 9000族标准的构成
			2015年版标准主要内容简介
		质量管理体系	(1)总要求 (2)建立和实施质量管理体系 (3)质量管理体系的特征 (4)质量管理体系的基本工作方法 (5)质量管理体系中有关质量和质量管理的术语
		化验室在质量管理中的作用	化验室在生产中的质量职能
			质量检验在质量管理中的作用
			化验室质量体系的运作
	化验室检验质量保证体系	化验室检验质量保证体系构建	(1)化验室检验质量保证体系构建的依据 (2)化验室检验质量保证体系的基本要素 (3)化验室检验质量保证体系的构建
		《化验室质量管理手册》的基本内容	上级组织关于不干预分析检验工作质量评价的公正性声明、关于颁发《化验室质量管理手册》的通知、中心化验室关于分析检验质量评价的公正性声明、法定代表授权委托书、各类人员岗位责任制、计量检验仪器设备的质量控制、分析检验工作的质量控制、原始记录和数据处理、检验报告、日常工作制度等
	检验过程质量保证	检验过程	化验室从接受样品到开始检定、出具报告,有详细的检验过程,详见图3-4
		检验过程的质量控制	(1)制定标准化作业流程 (2)采样和制样质量控制 (3)规范原始记录 (4)检验与结果数据处理的质量控制 (5)其他注意事项
	检验人员综合素质保证	品质要求	检验人员必须认真负责、处事公正、坚持原则,处理检验数据公正准确、严谨认真
		体质要求	体质是检验人员任职的自然条件,检验人员要有健康的体质
		专业技能素质要求	(1)专业知识素质 (2)实施检验人员培训计划
	检验仪器设备、材料和环境保证	分析检验仪器设备保证	仪器设备是化验室检验系统的要素之一,仪器设备的优劣,是反映检验系统分析检验能力高低的重要因素,同时,也直接关系到能否实现检验系统的任务和目标
		分析检验仪器的材料保证	(1)通用化学试剂 (2)标准物质
		分析检验的环境保证	为保证检测结果的准确度和有效性,化验室应具备与检测任务相适应的工作环境,以满足温度、湿度、粉尘、噪声、磁场、电场、通风、采光、给排水和防火等方面要求

续表

化验室质 量保证基本 方案	分析检验质量申诉 与质量事故处理	分析检验质量申诉	(1)检验质量申诉处理过程 (2)检验质量申诉结果处理
		分析检验质量事故 处理	(1)检验质量事故类别 (2)检验质量事故处理过程 (3)检验质量结果处理
	检验质量保证体系 运行的内部监督评审	内部监督评审的 作用	实施化验室检验质量保证体系运行的内部监督评审,是为了促进化验室检验质量保证体系能充分有效地运行
		内部监督评审的 程序	(1)建立组织机构 (2)内部监督评审的任务 (3)内部监督评审工作

思考与交流

1. 质量管理分为哪三个发展阶段?
2. 构建化验室质量保证体系的依据是什么?
3. 如何构建化验室检验质量保证体系?
4. 检验人员综合素质从哪几方面进行考虑?
5. 如何进行检验质量申诉与质量事故处理?
6. 检验质量保证体系内部监督评审的程序是什么?

任务三 管理化验室人力资源

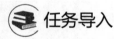 任务导入

某制药企业规模较大,其分析检验中心具备对外检测资质,现接到另一药企的分析检验委托任务,任务为:分析一批阿司匹林肠溶片中乙酰水杨酸的含量。你能指出以下各岗位人员在此次分析检测任务中的具体职责吗?具体岗位如下:①检验责任工程师,②检验员,③质量监督员,④计量管理员,⑤设备管理员,⑥资料管理员,⑦样品管理员,⑧记录报告审核员,⑨标准溶液制备员。

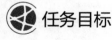 任务目标

知识目标:
1. 了解化验室检验系统人力资源构建、管理的内容和管理方法;
2. 掌握化验室中各岗位的职责范围。

能力目标:
能根据化验室活动的需求,进行人员的合理配置,分配具体职责。

思政目标:
1. 树立专业自信、团结协作精神;
2. 培养爱岗敬业、公平公正、与时俱进的职业素养;
3. 明确职责范围,作好自身定位。

人力资源是化验室检验系统重要的和最活跃的要素。在化验室检验系统中，根据目标和任务，把握好人力资源的组成和结构；遵循效率原则，科学合理地设置人员编制和结构；力求减少管理层次，精简管理人员，并随承担的任务变化而变动，以保证整体工作效率。在化验室检验系统人力资源管理中，要抓住"人"这个关键，确定人是决定因素、事在人为、以人为本、促进化验室检验系统员工全面发展的观念；建立激励机制，在适当的时候把合适的人员安排在合适的位置上，以最大限度地提高效益为准则，充分调动各类人员的积极性；高度重视员工培训，建立高素质的人才队伍；创造人人参与管理的氛围。

一、化验室检验系统人力资源构建

化验室人员配置是依据企业的组织目标要求进行合理配置。化验室工作人员分为三大类：管理人员、分析化验技术人员、后勤保障人员。人员是核心关键性因素，应注重人才队伍建设，人员应以企业的组织目标要求进行合理配置。

所谓合理配置，就是将投入的人力安排到企业中最需要、最能发挥才干的岗位上，以保持整个企业系统的协调。这不仅能达到调整和优化企业系统劳动组合的目的，又能使整个系统各环节的人力均衡、人岗匹配，有利于每个人作用的发挥。因此，在对化验室人员配置时需考虑以下 3 个方面：

1. 检验人员的基本条件

基本条件包括四个方面：德、能、知、身。

（1）德　加强思想道德修养，严格要求自己，办事公正，实事求是，严格遵守检验人员的岗位职责。

（2）能　热爱本职工作，忠于职守，勤奋学习，努力钻研，积极完成本职工作，具备适应职业要求的能力素质。

（3）知　具有中专以上学历的文化专业知识，受过检验、测试工作技能专业培训，取得资格证书，能独立进行测试工作，能根据测试结果对被检试样做出判断。

（4）身　身体健康，无色盲、色弱、高度近视等与检验工作要求不相适应的疾病。

2. 化验室人员的结构

人员构成主要是从化验室组织目标出发，依据化验室所承担的任务，首先考虑专业结构设置。因此，需要建立和配置一支专业性强的技术人员队伍和一套必要的检测设施，以满足和保证组织目标的实施。其次，在配置人员过程中，除考虑专业结构合理设置外，原则上还应从实际工作出发，按层次配置，并配备相应的高级、中级、初级技术人员结构，呈"金字塔"形组合。再次，从长远的检验工作利益考虑，还应在年龄层次上有所差别，最好是形成一个梯队的组合，老、中、青各占有一定的比例。某公司环境化验室组织架构见图 3-10。

由于企业规模及化验室组织目标各有所不同，人员配备形式也不尽相同。特别是对于那些规模较大的企业或外资及合资企业等，其化验室往往自成管理体系，并设置各种业务科室（部），因此人员配置可以根据各企业质量手册中的质量目标规定要求进行有机组合。

（1）专业结构　化验室检验系统人力资源应包含多个专业（学科）的人员，且必须按其承担的任务和检验系统技术装备的水平，构成合理的专业（学科）比例。顺应科技发展趋

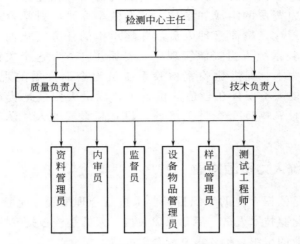

图 3-10　某公司环境化验室组织架构

势，选配注重多专业、综合技能。

（2）能级结构　能级结构又称"技术级别组合"。在一个组织系统中，需要有不同层次的人员，如高级、中级和初级职称，以及不同技能级别的化验技师、化验工等，这样在智能上互补以发挥整体优势。根据化验室管理学的能级原理，一个化验室检验系统中人员的职务（技能等级）比例，应保证结构的稳定性和有效性。所以，要依据化验室检验系统的目标和任务、规模和技术装备状况，确定高级、中级和初级技术职务（技能等级）人员的比例，形成一个完整的结构，并随着科学技术的发展和化验室检验系统目标任务、规模及技术装备状况的变化，不断地进行调整，使系统中的人力资源各尽其职、各显所能、相互配合，构成一个动态平衡的有机集合体。

（3）年龄结构　年龄结构是表示化验室检验系统人力资源老年、中年和青年人的比例。应构成一个合理的比例梯队，并处于不断发展的动态平衡之中，即有计划地安排大龄人员退出人力资源范畴，配备和培养青年接班，以保证化验室检验系统工作的延续性。一个检验系统的人力资源有了合理的年龄结构，就能按照人的心理特征与智力水平发挥其各自的最优效能。

（4）人数　人数具体按效能配置。

3. 任职资格和条件

① 分析车间主任应具备高级技术职称，精通本系统的检验任务工作，善于检验管理，掌握有关法律和法规。

② 技术负责人应具备高级技术职称，熟悉检验业务和技术管理，具备解决和处理检验工作中技术问题的能力。

③ 质量负责人应具备中级以上技术职称，熟悉检验业务和检验工作质量管理方面的知识，有处理质量问题的能力。

④ 其他室负责人应具备中级以上技术职称，精通本室的管理与专业知识，掌握与检验有关的法律知识。

⑤ 检验人员应具备本专业基础知识，了解有关法律法规知识，并经考核后具备上岗资格。

⑥ 内审员（审核人员）应熟悉有关标准和质量体系文件，能独立拟定审核活动，掌握

质量体系审核的知识和技能，并经过培训达到合格，一般由系统的负责人担任。

⑦ 质量监督员应熟悉检验工作方法和程序，了解检验目的和检验标准，并能评审检验结果，一般由系统的技术人员担任。

二、化验室机构职责

化验室拥有多个岗位，不同岗位具有不同职责。本书列举了一些化验室常见的岗位职责，但每个化验室情况不一样，可根据具体化验室情况适当增减修改。

（一）化验室各科室岗位职责

1. 化验室职责

全面负责质量管理，领导计量管理工作；进厂原料和出厂产品的质量监督检验工作，生产过程中的控制分析以及环境保护，工业卫生的监督检验工作；制订本企业产品质量计划和本科室工作目标，检验报告的编制审核，审查各项检验规程；质量事故的处理及抱怨的受理调查工作，参与新的检测方法开发及标准的制定工作；负责仪器设备的使用、维护、管理工作，标准溶液的制备、标定工作；本科室的安全、卫生工作，样品的收发、保管和检后处理，计划和采购仪器设备和检验消耗品工作；负责检验人员培训与考核工作，完成领导布置的其他工作。

2. 办公室职责

负责检验业务的计划、调度、综合协调工作；财务管理，编制财务计划；所有质量记录档案及文件管理工作；统一对外行文、印章管理及后勤工作；日常信函收发及外来人员接待工作；安全、保卫、卫生保健等其他日常行政管理工作；办公用品、水电、车辆等的使用管理和日常维修；完成领导布置的其他工作。

（二）负责人的岗位职责

1. 分析车间主任职责

总体负责化验室日常业务，负责参加早会、周会等会议，及时向相关领导做工作汇报；向化验室工作人员传达公司精神或工作要求；对化验室物品、试剂等及时清点，上报计划，保证化验室日常工作的顺利进行；监督化验员的日常工作，保证工作质量；对领导临时给予的工作合理安排、顺利完成；协调好与相关部门的工作关系，对于化验室工作中出现的异常情况能及时处理、及时反映。

2. 检验责任工程师职责

本岗位负责车间的安全管理、技术管理、设备管理、计量器具管理、体系认证、班组经济核算、分析仪器维修、职工教育、材料计划、标准制定（或修订）、标准资料检索、分析方法研究、配合生产装置改造完成各项分析任务。

负责员工安全教育、安全考核、日常安全活动；协助车间主任搞好安全监督检查，制定安全制度应急预案，查找不安全因素及负责其整改工作，监督检查各种仪器、设备、灭火器材、防护用具、消防设施是否符合要求；协助车间主任搞好安全竞赛、安全检查评比、安全论文及安全总结工作；检查各种标准执行情况，各化验室分析出现异常情况的处理；负责建立车间固定资产台账、大型分析仪器档案及操作规程、按体系要求的各种记录；编制仪器采购、更新、报废报告；定期对车间设备完好状况进行检查；编制计量器具校正计划。

3. 检验工程师职责

本岗位负责"运行班"的技术业务工作，包括：各种原始分析记录、台账、报表、分析传递票的记录工作；异常分析结果处理工作；计量器具校正工作；班组经济核算工作；协助主任搞好绩效考核工作。

负责本班的技术业务工作；负责各种记录、报表、台账的准确性及规范记录（仿宋标准）等；负责检查操作人员操作技能、标准执行情况、分析结果准确性等工作；负责计量器具的校正工作，仪器破损应及时制订追加校正计划，保证数据的准确性；协助班长做好员工的绩效考核工作；负责合理化建议、攻关项目的上报工作。

4. 办公室负责人职责

本岗位负责办公室的全面工作，组织和实施检验业务和行政管理工作；检查工作人员对质量体系和各项规章制度的贯彻执行情况；负责文件、信函、报表的收发登记归档工作；负责办公用品的保管与发放；负责其他后勤保障工作及外来人员的接待工作。

5. 分析班长职责

在车间主任领导下，本岗位负责班组的日常管理工作，包括：传达、布置、完成车间的各项工作；考勤；日常分析材料配备，三级安全教育及每周的安全学习；文明生产，班组人员合理调配；完成班组员工的绩效考核工作。

负责传达、布置、完成车间的各项工作，保证车间总体工作的完成；了解员工的思想动态，及时向相关领导反映情况；负责分析材料的领用、使用、管理工作，避免浪费；严格执行考勤管理规定；制止违章操作及违反劳动纪律现象的发生；对新员工、转岗员工、休假复工员工进行三级安全教育；组织班组的安全学习；负责班组经济核算工作，保证本班组实验检验费用不超支；按企业要求的文明生产考核细则，组织班组员工打扫卫生；对绩效考核结果负责；根据工作需要合理调配人员，提高工作效率。

（三）工作人员职责

1. 检验人员职责

具有上岗合格证，熟悉检验专业知识；掌握采取样品的性质，熟悉采样方法，会使用采样工具；掌握分析所用各种标准溶液的配制、储存、发放程序；掌握不同分析方法、指标、采样时间、样品保留等必备知识；掌握控制分析、产品分析、原料分析方法、控制指标、结果判定；掌握包装物检查管理规定、计量检验规程及重量计算方法；认真填写原始记录、检验报告，能够独立解决工作中的一般技术问题；严格按程序和实施细则进行取样，按操作规程使用仪器设备，对所使用的仪器设备做到按要求定期保养，使用后及时填写使用情况记录；努力钻研业务，参加各项培训和学术交流，积极参加比对试验，不断提高检验水平；检验工作要做到安全、文明、卫生、规范化；做好安全保密工作，遵章守纪，积极认真地完成各项检验工作。

2. 质量监督员职责

对检验人员的检验工作进行监督；对检验的现场和操作过程、关键环节、主要的步骤、重要的检验任务以及新上岗的人员进行重点监督；当发现检验工作发生偏离，影响检验数据和结果时，有权要求中止检验工作；对可能存在质量问题的检验工作提出复检要求；发现结果存在问题时，有权建议停止检验工作；配合技术负责人做好不符合要求工作的调查分析。

3. 计量管理员职责

认真学习和执行有关计量技术法规及计量器具检定规程；正确使用计量标准器具、标准物质，按规定对应检的仪器、计量器具送计量检定部门检定，并贴好检定标识，以保证计量器具处于良好的技术状态；将计量器具的检定结果、记录资料归档；制订计量检定计划，定期检查各计量器具的使用情况，有权制止使用未检、检定不合格或超出检定周期的计量器具，有权停止使用发生故障、精度下降及不正常的计量器具，并将有关情况及时向上级报告。

4. 设备管理员职责

负责仪器设备的日常管理工作，有权制止任何违规操作行为；编制仪器设备的使用、维护、检修鉴定的操作规程和管理标准，以及仪器设备的订购计划；建立主要仪器设备和量具的技术档案并负责及时更新；制订仪器设备保养维护计划；负责在用仪器设备临时故障的处理，保障检验工作正常进行；负责仪器设备维修、报废工作；负责制订周期检定计划并按照计划及时送检，对设备粘贴计量标识；定期检查仪器设备、计量器具的校准情况，有权制止使用未检或检定不合格的仪器设备和超过检定周期的仪器设备；负责制订设备期间核查计划，按照计划实施核查。

5. 资料管理员职责

负责各类文件、标准、资料的登记、分类、立卷、存档、建账、保管、借阅、归还，以及作废文件经批准后的销毁工作；负责记录控制工作，及时发布各种最新记录格式信息，收集归档各类记录；负责检测报告的复印、装订、盖章及有关资料的存档管理；负责对企业有关技术标准和分析方法的咨询工作，严格执行资料保密制度；有权拒绝任何违反保密要求的各种文件资料借阅、复制行为；负责资料室内的环境卫生，并做好防火、防盗工作。

6. 样品管理员职责

负责样品的保管和处理等工作，对样品的完好性负责，在保管过程中，先要保持好样品库的环境卫生；负责对各类检验样品入库时的外观、数量、封样标记完整性的检查及登记；入库样品的分类存放，根据样品不同状态，以"留样""待检""在检""已检"分别放置；样品必须经过相应处理后，按有关规定保存；做好各类样品入库记录，确保记录与样品相符；保持样品室内环境条件符合要求，并做好防火、防盗工作；样品保存期一般为 3 个月，对已检样品在超过保存期时要妥善进行处理并做好记录；遵守职业道德，不得任意挪用、串换检验样品；样品丢失时按责任事故处理。

7. 记录报告审核员职责

对检验数据、检验报告认真审核，发现错误及时向有关人员提出改正，而对未发现数据运算错误的情况审核员负具体责任，对审核中的问题及时向质量负责人提出纠正措施及建议，严格遵守有关规定，坚持原则，严谨细致，实事求是，并对涉及的数据保密。

8. 标准溶液制备员职责

按标准溶液配制各要求进行基准试剂的选择，严格按 GB/T 602—2002《化学试剂 杂质测定用标准溶液的制备》等国家标准或规定配制标准溶液和试剂；进行标准溶液的标定时，做到操作规范、标定结果准确可靠，并做好标定记录；标准溶液标签填写项目齐全、字迹工整；标准溶液的储存应符合有关保管规定的要求；配制标准溶液用的水应符合 GB/T 6682—2008《分析化验室用水和试验方法》的规定；负责标准溶液的供应和回收，保持好制备室的环境卫生。

9. 内审员职责

参加内审员培训，熟悉质量管理体系文件和内审要求；按照质量负责人的安排参加内部审核工作，并严格按照内部审核依据开展内审工作；尊重客观证据，如实记录被审核方的实际状态，保证审核的客观、公正，独立做出判断，不屈服于各方面的压力，忠实于得出的客观结论；开具不符合项报告及整改建议书；对提交的审核记录及报告负责；对审核发现的不符合项的纠正措施进行跟踪验证。

（四）不同层次人员的技术职责

1. 技术员职责

了解本专业的技术规定及方针、政策和管理办法，掌握本专业的基础知识和操作技能；分担辅助性业务技术工作，出具原始检验数据；具有数据处理和编制检验报告的能力，并对准确性负责；能够对所使用的检验仪器进行日常的维护及保管工作。

2. 助理工程师职责

熟悉本专业有关规章制度、管理办法及有关方针政策；比较全面地掌握本部门各项实验的原则和仪器设备的工作原理、各项操作以及调试技能；掌握部分仪器设备的故障诊断和维修技能，负责解决本专业的一般性技术问题，担任检验组负责人；组织管理本部门一个方面的工作，拟定有关管理制度和运行程序，提出开展工作的建议；指导技术员从事测试工作，出具检验数据，并对数据正确性负责；做好分管范围内测试仪器的使用、维护和保管工作。

3. 工程师职责

制订分管测试工作的计划及实施方案，解决本专业较复杂的业务、技术问题；独立承担先进设备的技术消化和编写使用手册，拟定大型设备运行管理规程、人员培训大纲等工作；担任项目研究的负责人，参加或具体负责技术成果的技术评议工作，承担本部门的技术开发工作，编制和审核检验报告，组织和指导初级技术人员的工作和学习；对分管范围内的一般测试仪器的购置、使用和处理负技术、经济责任。

4. 高级工程师职责

掌握国内外与本部门实验相关的科技动态和最新理论，为本部门提供学术和技术指导。主持或指导制订重大技术工作计划及实施方案；负责拟定审核重要的技术文件，解决检验过程中复杂、重要和难度大的技术问题；负责对质量监督检验的综合判定，组织和指导新的测试方法研究和测试实验装备的研制工作，主持精密仪器和大型设备系统配备方案总体设计、可行性论证，承担大型精密贵重仪器设备有关技术指标的鉴定及其功能的开发、利用工作；指导中级、初级技术人员的工作，参加或负责技术成果的评议工作；对分管范围内的精密贵重仪器设备的购置、使用和处理负技术、经济责任。

三、化验室检验系统人力资源的管理

（一）化验室检验系统人力资源管理的内容

人力资源管理是指对人力资源的取得、开发、保持和利用等方面所进行的计划、组织、指挥、控制和协调的活动。即通过不断地获取人力资源，把得到的人力资源整合到化验室检验系统中，保持、激励、培养他们对组织的忠诚、积极性，并提高绩效。由于人力资源管理者面对的直接管理对象是最重要、最复杂和最活跃的人，显然不同于设备管理、技术管理等其他相关的管理工作者。因此，作为化验室的负责人，需要具备人力资源管理的素质和能力，知道人力资源管理的常规内容，学会人力资源管理的基本方法。化验室检验系统人力资源管理的内容重点是要求各类人员具有竞争意识和竞争能力，充分调动起工作积极性、主动性和创造性，使化验室检验系统人力资源素质得到不断提高。

1. 定编、定岗位职责及定结构比例

（1）定编 应遵循效率原则，并根据化验室检验系统的实际工作岗位、目标及任务、化验室的发展和技术进步等确定各专业（学科）、技术职务（技能等级）、年龄阶段人员编制，且注意固定编制与流动编制相结合，保持各类人员数量和结构的合理性。

（2）定岗位职责 这里的岗位职责指的是化验室检验系统中从事管理和检验工作的个人岗位职责，也就是具体工作岗位要执行的工作任务。应注意根据工作的性质，采取定岗不定人，使之与流动编制相适应。定岗位职责是实行岗位责任制的基础，是人力资源管理科学化的重要措施，是检查和考核岗位人员工作质量、工作效率的主要依据。

（3）定结构比例 在定编和定岗位职责的基础上，确定高级、中级和初级技术职务（技能等级）人员的合理结构比例，明确岗位分类职责，根据职务（技能等级）余缺情况，进行人员流动和逐年考核晋级，逐步到位。

2. 岗位培训

为了提高履行化验室检验系统岗位职责的实际能力，应围绕分析检验的技术要求和管理业务，组织相应的培训，以提高化验室检验系统人员的整体素质。岗位培训中，应根据化验室检验系统的现状和发展对人员素质的要求，提出培训计划和实施意见；制订岗位培训的有关政策、规章、制度以及主要岗位的规范化指导性意见；分级建立岗位培训考核机构，对培训人员进行考核；对培训的考核结果，应记入个人技术档案，作为聘任和晋级的依据。

3. 考核晋级

（1）考核内容 按工作的性质和技术职务（技能等级）的特点，以岗位职责为依据，对化验室检验系统各类人员的思想素质、工作态度、业务能力、工作业绩等方面进行考核。

（2）考核标准 制订规范性的考核指标，将履行岗位职责、完成工作数量与质量以及取得的业绩统一评价。

（3）考核方法 组织考核与群众评议相结合，定性总结评比与定量（完成工作量）相结合。一般每年进行一次，先由个人总结，填写考核登记表，然后由化验室主任组织本室人员进行评议，写出考核评语，报上一级考评组织，经审核后存入档案备查。

4. 职务（技能等级）评聘

职务（技能等级）评聘是指职务（技能等级）资格评定和职务（技能等级）聘用。

（1）职务（技能等级）资格评定 职务（技能等级）资格的评定分为工程技术系列和职业（岗位）技能系列。工程技术系列职务资格评定由本人申请，化验室主任组织有关人员评议，决定是否向上一级组织推荐，最终由专门的评定机构进行评定。职业（岗位）技能系列技能等级的评定，则是由劳动部门设置的职业技能鉴定中心（站）进行培训、鉴定和颁证。

（2）职务（技能等级）聘用 根据设置的工作岗位、岗位职责和工作目标及任务，来决定聘用高级、中级和初级职务（技能等级）的人员。

在化验室检验系统的人力资源中，主要是一线的分析检验人员，因此，职务（技能等级）评聘，应以评聘职业（岗位）技能系列为主，根据实际岗位需要评聘一部分工程技术系列职务。

（二）化验室检验系统人力资源管理的方法

1. 加强思想政治教育工作

思想政治教育主要包括以下几方面的教育：

（1）与时俱进教育　促进化验室检验系统各类人员的整体素质跟上时代发展的步伐。

（2）公民道德教育　促进化验室检验系统各类人员的道德水准整体得到不断提高。

（3）职业道德教育　使化验室检验系统各类人员增强事业心和责任感，把好产品的质量关。

（4）爱岗敬业教育　使化验室检验系统各类人员热爱企业，热爱自己的工作岗位，具有艰苦创业、勇于创新、团队精神，提高与人合作能力，为企业的发展尽职尽责。

2. 实行严格的聘任制

所谓聘任制是指对所需人员实行招聘和任用的制度。聘任制有利于培养。发现人才和企业急需人才的及时补充，是一种新兴的人力资源管理方法，充分体现了当今管理学的用人原则。为实行严格的聘任制，应做好以下工作。

① 制订岗位规划，建立岗位规范　根据化验室检验系统的目标及任务、现有岗位、化验室的发展和技术进步等制订出未来一段时间的岗位规划、岗位职责和任职条件等。

② 建立人力资源流动机制，制订引进急需人才的措施和办法。

③ 配合岗位责任制实施，制订人员考核办法和考核制度，实行定期考核，并根据考核结果实行奖惩和聘任。

④ 重点抓好化验室主任的聘任　不同级别的化验室，对主任的要求不同，一般应具有中级以上技术职务，事业心强，并具有组织领导能力。

3. 技术职务评定工作经常化、制度化

积极鼓励技术人员认真学习，提高自身的业务水平和技术能力，积极为技术人员创造提高学术水平、计算机应用能力、外语水平、岗位职业技能等方面的外部环境。对条件成熟的技术人员，应积极向技术职务评定专业机构或职业技能鉴定机构推荐，让他们的努力尽早得到社会的认可和回报。同时，也会产生相应的激励作用。

4. 设立技术成果奖

为调动技术人员的积极性和创造性，在化验室检验系统设立技术成果奖是非常必要和有意义的。一方面能调动技术人员的工作积极性和创造性，提高其自身的业务水平和技术能力，为检验系统目标和任务的完成奠定良好的人力资源和技术基础。另一方面，也是对其工作积极性和创造性的肯定和鼓励，对其他人员产生激励作用，有利于检验系统人员整体素质的提高。

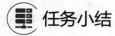 **任务小结**

化验室人力资源管理	化验室人员配置	检验人员的基本条件	四个方面：德、能、知、身
		化验室人员的结构	（1）专业结构 （2）能级结构 （3）年龄结构 （4）人数
		任职资格和条件	化验室不同岗位人员的任职资格和条件

		化验室各科室岗位职责	(1)化验室职责 (2)办公室职责
化验室人力资源管理	化验室机构职责	负责人的岗位职责	(1)分析车间主任职责 (2)检验责任工程师职责 (3)检验工程师职责 (4)办公室负责人职责 (5)分析班长职责
		工作人员职责	检验人员、质量监督员、计量管理员、设备管理员、资料管理员、样品管理员、记录报告审核员、标准溶液制备员职责
		不同层次人员的技术职责	技术员、助理工程师、工程师、高级工程师职责
	化验室人力资源管理方法	加强思想政治教育工作	
		实行严格的聘任制	
		技术职务评定工作经常化、制度化	
		设立技术成果奖	
	化验室人力资源管理内容	定编、定岗位职责、定结构比例	
		岗位培训	
		考核晋级	
		职务(技能等级)评聘	

任务四　管理化验室文件资料

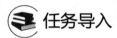

任务导入

分析检验化验室日常涉及很多文件资料，若你是负责这些文件资料的资料管理员，该如何管理这些文件资料才能使其在使用时更方便快捷地找到？化验室文件资料是否能采用 7S 管理？若能，该如何进行 7S 管理？

任务目标

知识目标：

1. 了解化验室文件资料的特点、分类；

2. 掌握化验室文件资料的制订过程、文体类别及要求；

3. 掌握化验室文件资料管理的方法；

4. 熟悉化验室文件控制程序的内容。

能力目标：

能对化验室文件资料进行有效的管理。

思政目标：

1. 培养规范、标准化意识；

2. 培养科学管理的职业素养。

信息管理是人类为了有效地开发和利用信息资源，以现代信息技术为手段，对信息资源进行计划、组织、领导和控制的社会活动。简单地说，信息管理就是人对信息资源和信息活动的管理。信息管理是指在整个管理过程中，人们收集、加工和输入、输出的信息的总称。信息管理的过程包括信息收集、信息传输、信息加工和信息储存。

　　化验室相关信息的管理关乎企业的运行效益与决策，利用现代化的管理手段与措施已经是大部分企业管理文件资料的趋势，尤其是医药企业要求数据上网直连，便于监管部门了解药品生产质量参数，保证药品质量。如何科学管理相关文件已经是当代化验员应具备的基本素养。化验室文件资料繁杂，一般主要有管理性工作过程文件、工作过程性文件、技术性文件三类。

一、化验室文件资料的分类

1. 管理性文件资料

管理性文件资料是指化验室开展各方面工作的法律法规、上级组织和相关管理机构的文件、化验室自身的管理性文件等。常见的管理性文件资料有：

① 国家和地方各级人民政府的质量管理法律、法规文件及附属资料；

② 行业管理机构的质量管理文件及附属资料；

③ 上级质量监督仲裁机构的监督检验、仲裁通告文件；

④ 用户质量投诉资料；

⑤ 企业的生产调度指令和质量管理制度；

⑥ 化验室质量管理手册，其中包括日常工作制度、各类人员岗位职责、仪器设备和分析检验工作质量控制等；

⑦ 化验室其他规章制度。

2. 工作过程性文件资料

工作过程性文件资料是指化验室及其管理部门在开展各项工作中的报告、讲稿、记录、总结以及各种工作处理材料等文件。常见的工作过程性文件资料有：

① 化验室年度工作计划和总结；

② 化验室年度仪器设备、相关材料购置计划；

③ 化验室人员培训和考核记录；

④ 化验室各类人员的年度工作考核结论；

⑤ 计量仪器、设备的性能检定证书；

⑥ 企业内部常规送检通知文本；

⑦ 企业有关管理部门的临时性工艺抽样检验指令；

⑧ 生产车间或班组及有关业务部门临时性抽样检验申请；

⑨ 各种分析检验的原始记录；

⑩ 日常检验和监督检验的分析检验报告书；

⑪ 上级技术监督检验机构对企业产品的抽样监督检验项目及检验结果的通知文本；

⑫ 质量管理台账和其他与分析检验工作相关的报表等。

3. 技术性文件资料

技术性文件资料是指分析检验技术工作应遵循的技术指导文件，或与分析检验工作技术相关的文件资料。常见的技术性文件资料如下：

① 原辅材料、产品执行的国家技术标准、行业技术标准或地方技术标准；

② 企业化验室分析检验规程，包括原辅材料、中控分析、产品检验、分析方法等；

③ 大型精密仪器设备操作规程、使用或对外服务记录；

④ 仪器设备技术档案、账卡和定期检查核对记录；

⑤ 仪器设备的维护保养和修理记录；

⑥ 科技信息、论文、书籍、书刊；

⑦ 其他技术资料或文件，包括国内外用户或单位、部门的产品质量以及其他与质量有关的咨询函件或文本，以及国内外同行业或相关行业质量管理、产品质量标准或质量改进等方面的交流资料。

在技术性资料中最重要的是标准，下面着重介绍标准的相关内容。

（1）标准的定义　为在一定的范围内获得最佳秩序，对活动或其结果规定共同的和重复使用的规则、导则或特性的文件，称为标准。该文件经协商一致制定，并经一个公认机构批准。标准应以科学、技术和经验的综合成果为基础，以促进最佳社会效益为目的。

检验分析项目标准主要包含适用范围、分析方法，其中分析方法又包含了方法概要、样品采集、试剂、仪器、分析步骤、分析结果计算等。标准是指导具体操作的文件。

（2）标准的分类　由于标准种类极其繁多，可以根据不同的目的，从不同的角度对标准进行分类，比较通行的方法有3种，即标准的层次分类法、标准的约束性分类法、标准的性质分类法。

① 按标准的层次分类　世界范围内的标准基本可分为国际标准、区域标准、国家标准、行业标准、企业标准5类。国际标准是由国际标准化组织（ISO）和国际电工委员会（IEC）制定的标准（包括由国际标准化组织认可的国际组织所制定的标准）。国际标准为国际上承认和通用。区域标准又称地区标准，是世界区域性标准化组织制定的标准，如欧洲标准化委员会（CEN）制定的欧洲标准，这种标准在区域范围内有关国家通用。国家标准是在一个国家范围内通用的标准。行业标准是在某个行业或专业范围内使用的标准，也称为协会标准。企业标准是由企业制定的标准。

我国根据标准产生作用的范围或标准审批机构的层次，将标准分为4类，即国家标准、行业标准、地方标准、企业标准。

a.国家标准　对需要在全国范围内统一的技术要求，由国务院标准化行政主管部门制定国家标准。

b.行业标准　对于没有国家标准而又需要在全国某个行业范围内统一的技术要求，由国务院有关行政主管部门制定行业标准。例如机械、电子、建筑、化工、轻工、纺织、农业、水利、林业、航空、卫生等，都制定有行业标准。化工行业标准代号为HG，如图3-11所示。

c.地方标准　对没有国家标准和行业标准而又需要在省、自治区、直辖市统一的工业产品的安全、卫生要求，由省、自治区、直辖市标准化行政主管部门制定地方标准。

d.企业标准　企业生产的产品，没有国家标准或行业标准时，由企业制定企业标准。已有国家标准或行业标准时，国家鼓励企业制定严于国家标准或行业标准的企业标准。企业标准只有在企业内部适用。

② 按标准的约束性分类，可分为强制性标准和推荐性标准。根据《中华人民共和国标准法》的规定，保障人体健康、人身财产安全的标准和法律及行政法规规定强制执行的标准是强制性标准。例如，药品、食品卫生、兽药、农药和劳动卫生，产品生产、储运和使用中的安全及劳动安全，工程建设的质量、安全、卫生等标准。其他标准是推荐性标准。

③ 按标准的性质分类，可分为技术标准、管理标准和工作标准。

a.技术标准是对标准化领域中需要协调统一的技术事项所制定的标准，主要包括基础标准、产品标准、方法标准、安全标准、卫生标准和环保标准等。

b.管理标准是对标准化领域中需要协调统一的管理事项所制定的标准。"管理事项"主

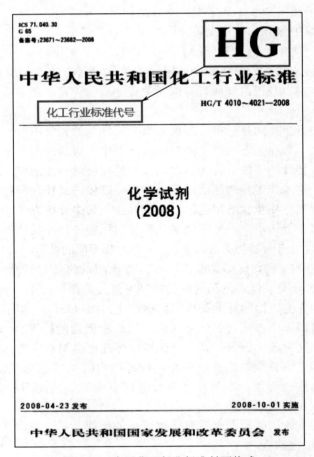

图 3-11　中国化工行业标准封面格式

要指在营销、采购、设计、工艺、生产、检验、能源、安全、卫生、环保等管理中与实施技术标准有关的重复性事物和概念。管理标准主要包括各种技术管理，生产管理，营销管理，劳动组织管理，以及安全、卫生、环保、能源等方面的管理标准。

c. 工作标准是对标准化领域中需要协调统一的工作事项所制定的标准。"工作事项"主要指在执行相应技术标准与管理标准时，与工作岗位的职责、岗位人员的基本技能、工作内容、要求与方法、检查与考核等有关的重复性事物和概念。工作标准主要包括通用工作标准、分类工作标准和工作程序标准。

（3）我国标准的代号和编号

① 国家标准的代号由大写汉字拼音字母构成。强制性国家标准代号为"GB"，推荐性国家标准的代号为"GB/T"。

国家标准的编号由国家标准的代号、标准发布顺序号和标准发布年代号（4 位数组成）。

强制性国家标准编号：

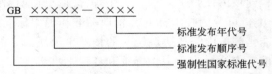

推荐性国家标准编号：

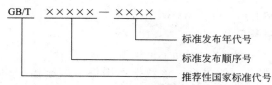

  国家实物标准（样品），由国家标准化行政主管部门统一编号，编号采用国家实物标准代号（为汉字拼音大写字母"GSB"）加《标准文献分类法》的一级类目、二级类目的代号及二级类目范围内的顺序，再加 4 位数年代号相结合的办法，如：

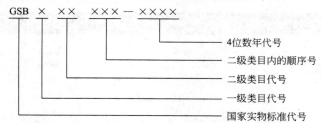

  ② 行业标准的代号和编号由汉语拼音大写字母组成。行业标准的编号由行业标准代号、标准发布顺序及标准发布年代号（4 位数）组成。

  强制性行业标准编号：

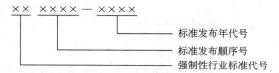

  推荐性行业标准编号：

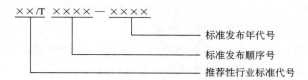

4. 中国标准文献资料的检索

（1）检索工具

① 标准文献手工检索工具

a. 标准的检索期刊 包括查找定期专门报道一定范围技术的索引、文摘和目录的刊物，例如标准化文摘、产品目录。一般用于追溯检索。

b. 标准的参考工具书 这类工具书是把收集、汇总一定时期内颁布的特定范围的技术标准加以系统排列后出版，一般为不定期连续出版，分为目录、文摘和全文多种形式，使用方便，但有一定时滞。

c. 标准的情报刊物 这类出版物除了及时报道新颁布的有关标准情报，还广泛报道标准化组织、标准化活动和会议、标准化管理与政策等许多有关情报，是检索最新技术标准情报的有效工具。

② 计算机检索工具

标准文献的数据库有很多，如：

万方数据库中外标准：http://c.wanfangdata.com.en/Standard.aspx

中国标准服务网：http://www.cssn.net.cn/

中国标准在线服务网：https：//www.spc.org.cn/

全国标准信息公共服务平台：http：//std.samr.gov.cn/gb

食品伙伴网：http：//www.foodmate.net/

图 3-12 是中国标准服务网的主页，该数据库提供了国家标准约 6.5 万项，其中现行标准 4.3 万余项，经过加工处理，包括英文标题、中英文主题词、专业分类等信息。收录我国约 70 个种类的行业标准，总数超过 8 万项。收录的地方标准包括我国各省（市、自治区、直辖市）地方标准信息，以及部分市级地方标准 5.5 万项。

图 3-12　中国标准服务网的主页

（2）检索方式

以中国标准服务网为例，标准检索提供三种检索方式：标准模糊检索、标准分类检索、标准高级检索。

① 标准模糊检索。标准模糊检索功能是简单的模糊检索方式，提供用户按标准号或按关键词对标准信息数据库进行方便快捷的检索。

按"标准号"检索仅对标准号一个字段进行查询，按"关键词"检索可同时对中文标题、英文标题、中文关键词、英文关键词等字段进行查询。

检索入口：在中国标准服务网首页中间位置提供标准模糊检索功能，如图 3-13 所示。在搜索栏里输入标准号或者关键词即可进行检索。

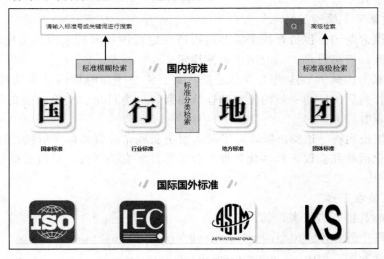

图 3-13　标准的检索方式

如想按照标准号检索"GB 15346—2012"，检索条件可输入"GB 15346""gb 15346""GB 15346—2012"，均可查询到该标准。

注意：按标准号检索，检索条件输入时应按标准号的一般写法顺序输入，不清楚的可以以空格分隔，不可以反向输入标准号，如输入"15346 gb""15346 GB"则查不到该标准。

② 标准分类检索。标准分类检索又分为按"国内标准分类"和"国际国外标准分类"两种，如图 3-14 所示。可点击自己需要的分类方式，点击后页面会显示当前类别下的明细分类（图 3-15、图 3-16），直到显示该分类下的所有标准列表。

图 3-14　标准分类检索页面

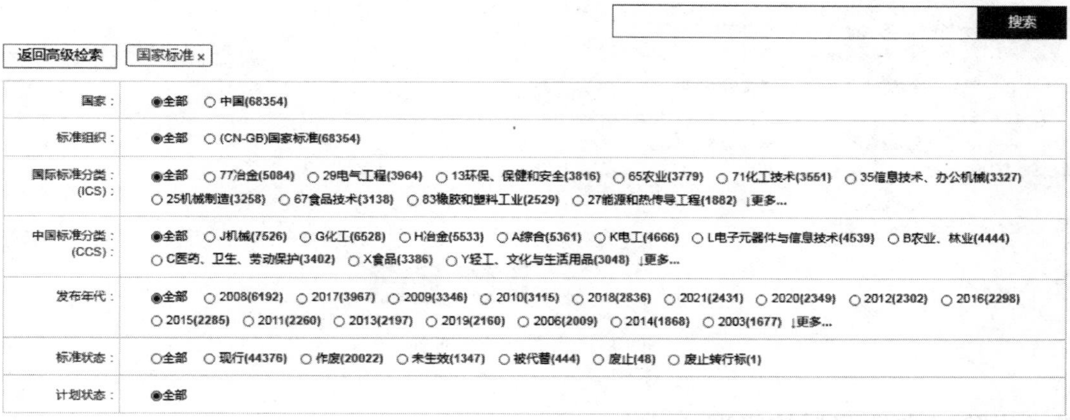

图 3-15　国家标准检索界面

③ 标准高级检索。标准的高级检索方式和前两种不同，高级检索提供了可输入多种条件，不同条件进行组合的检索方式，用户能够更准确地查找所需的标准，检索页面如图 3-17 所示。

（3）检索途径

标准检索的途径主要有号码途径、分类途径、主题途径。例如，已知一个标准的标准号为 GB 15346—2012，就可以通过号码途径查到该标准；若查找"火腿罐头"的标准，可以确定该标准为食品类，就可以通过分类途径查找。

图 3-16   行业标准检索界面

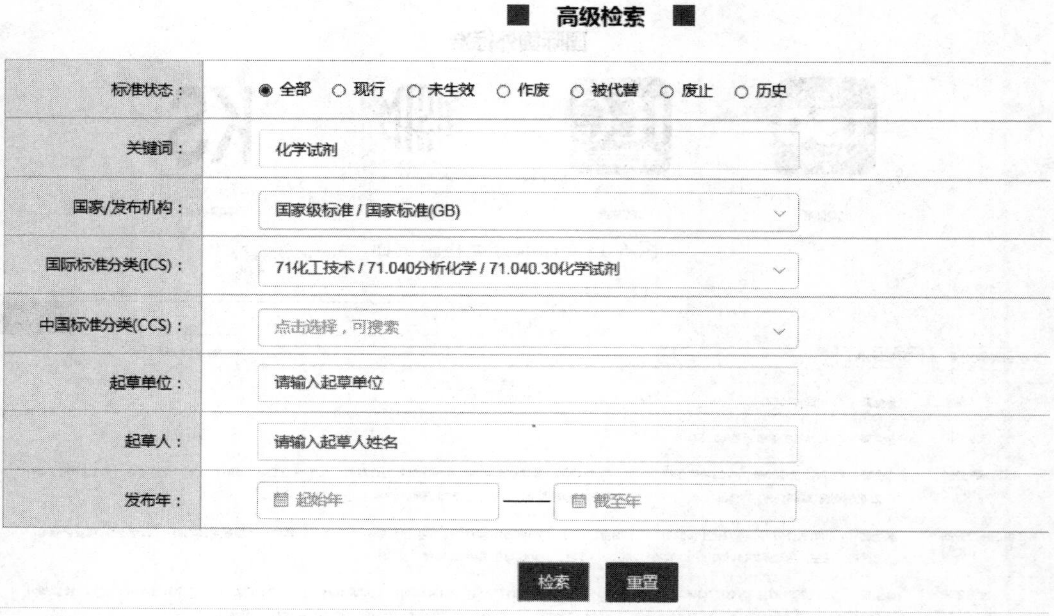

■   **高级检索**   ■

图 3-17   高级检索页面

二、化验室文件资料的管理

1. 化验室文件资料的制订

在化验室的管理工作中，由于受国家质量管理政策的调整、质量标准的变化等外部因素的影响和企业内部管理及化验室自身的运行与发展等，适时地制订相应的文件资料是必需的。化验室制订文件资料的过程可分为 3 个阶段，即准备阶段、形成文字阶段和修改阶段。

（1）准备阶段主要包括认真领会国家的方针政策和上级的指示精神，收集相关的材料，研究化验室自身的实际和文件资料应起到的作用，确定基本观点，选择文件类别。

（2）形成文字阶段主要包括合理安排结构、掌握规范格式、灵活熟练地运用语言。

（3）修改阶段主要包括观点的订正、材料的增删、结构的调整、语言的锤炼和格式的审定。

2. 常用文体类别及要求

化验室文件资料的文体类别按组织系统和网络，分为上级行于下级的下行文、下级行于上级的上行文和同级之间的平行文。依据不同的行文关系，确定不同的文体类别、称谓、词语和语气，它们之间不能错用或混用。如：下级可向上级用"请示""报告""函"等，但绝不能发"通报""指示"等；平级之间行文可用"函""通知"等，绝不能用"请示""报告"等。

（1）通告　通告是在一定范围内公布应当遵守或周知的事项时使用的一种文种，它具有公开性、告知性、限制性、强制性和广泛性的特点。通告一般分为法规政策类和具体事物类。

（2）通知　通知是发布行政法规和规章，转发上级、同级的公文，批转下级的公文，要求下级办理和需要周知或共同执行的事项时使用的一种文种。通知具有使用频率高、种类多、灵活、简便等特点。通知按形式可分为联合通知、紧急通知、补充通知等；按内容可分为发布性通知、指示性通知、批转性通知、告知性通知和会议通知等。

（3）通报　通报是上级将有关重要情况、先进经验、严重问题等告知下级时使用的文体。通报具有时效性、典型性和真实性特点，主要起到沟通情况、传达信息、交流经验、弘扬先进、批评错误、纠正问题的作用，从而进一步推动工作进行。通报一般分为通气性通报、表扬性通报和批评性通报。

（4）报告、请示　报告是下级向上级汇报工作、反映情况、提出建议时使用的文种。根据报告的内容、作用，可分为工作汇报性报告、请示批转性报告、情况反馈性报告和转报性报告。

请示是下级向上级请示指示、批准时使用的文种。根据请示的内容、作用，可分为请求批转性请示和请求批复性请示。

（5）批复　批复是上级答复下级请示事项时使用的文种。批复具有针对性、决定性、指示性特点。

（6）函　函是同级之间商洽工作、询问和答复问题，或由下级向有关部门请示批准事项时使用的文种。函具有行文的广泛性、使用的多样性和写法的简便性的特点。

（7）会议纪要　会议纪要是根据会议的宗旨和目的将会议的基本情况、主要精神和议定事项，经过综合整理而形成的文种。会议纪要具有客观性、提要性特点，一般用于比较重要的会议，如办公、工作例会、座谈会等。

（8）规定（暂行规定）　规定是指对某一方面工作或某类社会关系作出部分规定的规范时使用的文种。规定的特点是：所规定的事项涉及一方面或某类社会关系；规定的内容较灵活、直接、明确、具体；具有对现行法律、法规、规章制度的补充、完善、变通的功能。

（9）办法（实施办法）　办法是对某一种特定的条例、事项，确定其具体做法和实施方法的文种。办法具有直接、具体、明确、操作性强等特点，常常是某一条例、事项实施的具体化。

（10）细则（实施细则）　细则是指为贯彻实施法律、条例、规定、制度等而对某一方面的问题或某项工作作出具体、详细规定的文种。细则的特点是具有从属性，即为具体实施某法、某条例、某规定或某项制度而制订的；细则的内容可以是某一法规全部内容的具体化，也可以是部分内容的具体化，还可以是专门依据某一"条"而引申制订的实施细则；具有针对主体法规进行延伸、补充、深化、完善的作用；具有较强的可操作性。

3. 化验室各类文件资料的建档

（1）化验室档案材料的分类　化验室档案材料是指在化验室建设、管理、分析检验、技术改造、新产品试验以及对外服务等活动中形成的具有保存价值的管理性文件、工作过程性文件和技术性文件。化验室档案应对档案材料按性质、内容、特点、相互的联系和差异进行分类。其类别应根据化验室的规模、任务量、工作水准等情况确定。常规的分类见表3-3。

表3-3　化验室档案材料的分类

一级分类	二级分类	三级分类
化验室人力资源建设与管理材料	化验室人员情况表	化验室人员汇总表；个人履历表
	化验室人员的变动	化验室人员考核晋级与职务聘任；化验室人员岗位培训计划与实施情况；化验室人员的奖惩材料
化验室建设文件和材料	化验室规划、计划和总结	化验室建设规划与执行检查、总结；化验室年度工作计划、总结
	化验室建立和撤销	新建、改建化验室的材料；化验室撤销的材料
	化验室基础设施	化验室建筑平面图、改进记录；水、电、气布置图及技术资料；防火、毒污染及防盗等安全资料
	化验室仪器设备及材料	固定资产,低质品,材料的账、卡；仪器设备的订货合同、使用说明书、合格证、装箱单；仪器设备验收、索赔记录；仪器设备的使用、借用、维修记录；仪器设备的技术改造、功能开发记录；仪器设备技术性能检定记录；自制仪器设备资料
化验室管理文件资料	上级文件、实施细则	有关行政法律法规、管理条例、规定、办法、实施细则
	各项规章制度	物资管理制度、经费使用制度、安全环保制度
	化验室信息统计资料	大型精密仪器设备使用效益统计表；管理系统框图及一览表
	化验室质量管理手册	组织结构框图；人员岗位责任制；分析检验工作质量控制及保证体系；日常工作制度
完成目标任务的文件资料	技术文件资料	技术标准；分析检验规程；分析检验项目；大型精密仪器设备操作规程；仪器设备技术档案
	分析检验、科研和对外服务的文件资料	分析检验原始记录、检验报告书；技术改造、新产品试验及成果鉴定材料；对外服务议定书和结果材料

（2）化验室建档材料的要求　第一，建档材料要具有完整性、准确性和系统性，首先做好材料的收集、整理和筛选，然后按科学方法进行分类归档，并根据需要合理确定建档材料的保存期限。对于保密文件应单独建档，同时写明保密级别。第二，建档材料要符合标准化、规范化的要求，建档的文件材料一般情况下应为原件，并要做到质地优良、格式统一、书写工整、装订整洁，不能用铅笔、圆珠笔书写。第三，建档手续要完备，建立必要的档案材料审查手续和档案管理移交手续。第四，建档材料要适合计算机管理，便于录入、统计、检索、打印和传输等。

4. 化验室文件资料的 7S 标准化管理

借鉴起源于日本的 5S 现场管理法，结合安全、节约理念，融合成 7S 现场管理方法，即整理（seiri）、整顿（seiton）、清扫（seiso）、清洁（seiketsu）、素养（shitsuke）、安全（safety）、节约（save）。推行 7S 的目的是管理企业文明生产的各项基础活动，它有助于消除企业在生产过程中可能面临的各类不良情况。7S 的活动对象是现场的"环境"，它对生产现场全局进行综合考虑，并制定切实可行的计划与措施，从而达到规范化管理。7S 活动的核心和精髓是素养，如果没有员工队伍素养的相应提高，7S 活动就难以开展和坚持下去。

可以以 7S 现代企业现场管理模式为基础创建标准化化验室。除了化验室内的设备布置、环境卫生等必须要按 7S 进行管理之外，文件资料也应按此执行，以实现标准化管理。化验室应建立和维持识别、收集、索引、存取、存档、存放、维护和清理质量记录和技术应用的相关程序。应当准确和清晰地报告并记录每个测试、校准检定的结果，并根据时间存档。测量测试报告的结果要有校准证书和检测结果报告。企业应按 7S 管理的要求，制订相应的化验室文件资料管理规定。

（1）整理　首先对化验区域和办公区域进行全面检查，如分析原始记录及电子档案、标准技术资料、待测及在测样品资料标签等。整理必需文件的使用频率或日常用量判定原则，将未来 30 天内，用不着的任何东西都可移出现场，按统一要求进行编号，并规定必需物品的存放区域。

（2）整顿　将化验室资料存放区域分成不同小区域，确定各个文件的安放点，用标牌标明，以便最快捷地取得所要之物，在最简捷、有效的规章、制度、流程下完成工作。具体步骤：现状分析→定置管理（定点投影）→分类标识→目视管理→每天检查。

（3）清理　化验结束必须立即整理、清洁、归位相关的文件资料，建立并划定清理责任区。

（4）清洁　化验结束必须立即整理、清洁、归位。制订一个化验室标准化管理的规章制度，进行定期的检查与评定，建立奖惩制度，并对相应的人员进行适当激励。具体流程：规范化→标准化→制度化→自查/检查，维持 7S 意识。

（5）素养　持续推动前 4S 至习惯化，使员工养成一种保持整洁的习惯；制订共同遵守的有关规则、规定，并将它们目视化，一目了然；定期培训、教育、检查，推动各种精神、品质提升。

（6）安全　定期检查消防设施的完好程度，是否在有效期内，建立应急预案，以保证文件资料的完好。对有机密要求的重要资料、商业机密应有足够的保密设备。

（7）节约　对文件相关耗材等方面合理利用，以发挥它们的最大效能，从而创造一个高效率的、物尽其用的工作场所。养成降低成本习惯，加强作业人员减少浪费的意识。

思考与交流

1. 化验室文件资料的分类有哪些？
2. 我国标准根据产生作用的范围分为哪几类？
3. 如何对化验室文件资料进行建档？
4. 7S 标准化管理包括哪些方面？

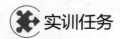
任务小结

化验室文件资料管理	化验室文件资料的分类	管理性文件资料	化验室开展各方面工作的法律法规、上级组织和相关管理机构的文件、化验室自身的管理性文件等
		工作过程性文件资料	化验室及其管理部门在开展各项工作时的报告、讲稿、记录、总结以及各种工作处理材料等文件
		技术性文件资料	分析检验技术工作应遵循的技术指导文件，或与分析检验工作技术相关的文件资料
	化验室文件资料的管理	化验室文件资料的制订	化验室制订文件资料的过程可分为 3 个阶段，即准备阶段、形成文字阶段和修改阶段
		常用文体类别及要求	化验室文件资料的文件类别按组织系统和网络，分为上级行于下级的下行文、下级行于上级的上行文和同级之间的平行文
		化验室各类文件资料的建档	化验室档案材料的分类 化验室建档材料的要求
		化验室文件资料的7S标准化管理	整理、整顿、清扫、清洁、素养、安全、节约

实训任务

查询标准

任务导入

小李毕业后就职于某食品企业的 QC（Quality Management）岗位，入职第一天，企业指导老师交给她一叠纸质资料（其中一页如下图所示），让她先熟悉熟悉相关标准。

中华人民共和国国家标准

GB 2717—2018

食品安全国家标准

酱 油

2018-06-21 发布   2019-12-21 实施

中华人民共和国国家卫生健康委员会
国家市场监督管理总局 发布

请思考：

1.什么是标准？2.标准的作用是什么？3.标准的标准号代表了什么？4.标准有哪些类别？

 任务目标

知识目标：

1.掌握标准文献的分类；

2.学习文献检索的常用手段；

3.掌握常见标准的构成。

能力目标：

1.能辨别标准的类别；

2.能进行标准的查询、下载；

3.能进行常见文献的查询。

思政目标：

1.树立专业自信、团结协作精神；

2.树立质量、标准化意识；

3.培养"依法检测"的职业规范。

1.利用中国标准文献服务网 https：//www. cssn. net. cn/cssn/index 检索有关"食品中农药测定和分析方法的国家标准"，并指出所查出标准文献的类型。

2.查询 GB/T 19001—2016 标准，并下载该标准。

3.以"食品添加剂"为关键词，下载 2 篇相关国家标准。

练一练测一测

1.填空题

（1）2015 年版 ISO 9000 族核心标准包括_____、_____、_____。

（2）PDCA 的工作方法中，P 是指_____，D 是指_____，C 是指_____，A 是指_____。

（3）化验室检验质量保证体系包含_____、_____、_____、_____和_____ 5 个基本要素。

（4）检验过程的质量控制主要包括_____、_____和_____ 3 个方面。

（5）监督检查按标准进行检验提出的 3 点要求分别是_____、_____和_____。

（6）仪器设备合格标志是_____色，准用标志是_____色，停用标志是_____色。

（7）检验质量申诉是指_____，检验质量事故是指_____，仪器设备损坏或人身伤亡事故是指_____。

（8）实施化验室检验质量保证体系运行的内部监督评审程序包括_____、_____、_____和_____。

（9）标准按其性质可分为_____、_____和_____ 3 类。

（10）7S 管理包括_____、_____、_____、_____、_____、_____、_____。

2.单选题

（1）国际标准化组织的代号是（   ）。

A. SOS   B. IEC   C. ISO   D. WTO

（2）化验室检验质量保证体系构建的依据是（   ）。

A. GB/T 19001—2016《质量管理体系 要求》

B. GB/T 19000—2008《质量管理体系 要求》

C. GB/T 19001—2006《质量管理体系 要求》

D. GB/T 19000—2006《质量管理体系 要求》

（3）企业实施全面质量管理是（   ）。

A. TQB   B. PDCA   C. TQC   D. PDCB

（4）化验室质量体系应包括化验室的（   ）。

A. 组织结构、管理程序、管理过程和化验室仪器设备

B. 组织结构、管理程序、管理过程和化验室资源

C. 组织结构、管理程序、管理过程和化验室文件资料

D. 组织结构、管理程序、管理过程和化验室人员

（5）质量管理体系的有效性除考虑其运行的结果达到组织所设定的质量目标的程度外，还应考虑其体系运行结果与花费的（   ）之间的关系。

A. 时间   B. 人员   C. 资源   D. 物质

（6）质量管理体系的有效性是指其运行的结果达到组织所设定的质量目标的程度及其体系运行的（   ）。

A. 充分性   B. 经济性   C. 适宜性   D. 科学性

（7）2015 年版 ISO 9000 族标准中 ISO 9001：2015 标准指的是（   ）。

A.《质量管理体系基础术语》   B.《质量管理体系 要求》

C.《质量管理体系业绩改进指南》   D.《审核指南》

（8）我国标准物质分为（   ）级，一级标准物质代号为（   ）。

A. 4，GBW   B. 3，GBW（E）   C. 2，GBW   D. 2，GBW（E）

（9）采样的基本要求是（   ）。

A. 所采集样品具有代表性和有效性

B. 所采集样品具有充分的代表性和时效性

C. 所采集样品具有充分的代表性和成本性

D. 所采集样品具有充分的分布性和完好性

（10）要求检验结果至少能溯源到（   ）。

A. 采样时

B. 执行的标准或更高的标准

C. 制订方案时的人员素质以及学历

D. 执行采样时的天气和空气湿度、大气压力等

（11）检验质量保证体系运行的内部监督评审工作可分为（   ）。

A. 审核文件、审核人员、审核环境、审核仪器

B. 审核文件、现场评审的准备、审核人员、审核仪器

C. 审核文件、现场评审的准备、现场检查与评审、提出评审报告

D. 审核文件、现场评审的准备、现场环境仪器的检查、提出评审报告

（12）仪器设备合格标志、准用标志、停用标志的颜色分别是（   ）色。

A. 绿、黄、黑   B. 绿、黄、红   C. 蓝、绿、红   D. 蓝、绿、黑

（13）检验过程的质量控制主要包括（　　）。

A. 采样和制样质量控制、人员素质控制两个方面

B. 采样和制样质量控制、检验结果与数据处理的质量控制、其他注意事项三个方面

C. 采样和制样质量控制、检验结果与数据处理的质量控制两个方面

D. 采样和制样质量控制、人员素质控制、其他注意事项三个方面

（14）为了保证检验人员的综合素质，可从（　　）。

A. 品质、体质、专业技能素质等方面进行控制

B. 具有良好的职业道德和行为规范方面进行控制

C. 学历和技术职务或技能等级两方面来进行控制

D. 实施有计划和针对性的培训来进行控制

（15）仪器设备保证包括的方面有（　　）。

A. 仪器设备的稳定性和耐久性 　　　　B. 仪器设备的数量和性能

C. 对仪器设备进行调整、修正和校正 　　D. 对仪器设备建立检定周期表

（16）仪器设备的运行环境（　　）。

A. 对检验结果无影响

B. 对检验结果影响不大

C. 将影响检验结果的准确性、重复性和再现性

D. 只影响检验结果的重复性

（17）内部监督评审的工作包括（　　）。

A. 现场评审的准备、现场检查与评审、提出评审报告等方面

B. 现场检查与评审、提出评审报告等方面

C. 审核文件等方面

D. 审查文件、现场评审的准备、现场检查与评审、提出评审报告等方面

（18）现场检查和评审可分为（　　）。

A. 审核文件、现场检查与评审、提出评审报告等方面

B. 现场审核、编写评审报告、总结会议 3 个步骤

C. 首次会议、现场审核、编写评审报告、总结会议 4 个步骤

D. 首次会议、现场审核、编写评审报告 3 个步骤

（19）以下标准必须制定为强制性标准的是（　　）。

A. 国家标准 　　　　　　　　　　　B. 分析方法标准

C. 食品卫生标准 　　　　　　　　　D. 产品标准

（20）在国家、行业标准的代号与编号中，GB/T 是指（　　）。

A. 强制性国家标准　　B. 推荐性国家标准　　C. 企业标准　　　　D. 行业标准

（21）常见的管理性文件资料有（　　）。

A. 七方面的文件资料 　　　　　　　B. 两方面的文件资料

C. 三方面的文件资料 　　　　　　　D. 八方面的文件资料

（22）化验室文件资料的制定包含（　　）。

A. 三个阶段　　　　B. 两个阶段　　　　C. 四个阶段　　　　D. 六个阶段

（23）化验室 7S 管理包括（　　）。

A. 整理、整顿、清扫、清洁、素养、安全、节约

B. 整理、整治、清扫、清洁、素质、安全、节约

C. 整理、整治、打扫、清洁、素养、安全、节约

D. 整理、整顿、清扫、清洁、素质、安全、节约

（24）下列属于化验室人力资源管理内容的是（   ）。

A. 定编、定岗位职责、定结构比例和考核晋级

B. 实行严格的聘任制

C. 岗位培训和设立技术成果奖

D. 加强思想政治教育工作

（25）化验室人员配置需要考虑的 3 个方面的内容是（   ）。

A. 检验人员的基本条件、人员的构成、任职资格和条件

B. 公正、客观、准确

C. 中专以上学历、熟练操作仪器、遵守规章制度

D. 专业熟悉、态度端正、服从安排

3. 多选题

（1）下列属于化验室检验系统人力资源结构的是（   ）。

A. 专业（学科）结构   B. 技术职务（等级）结构

C. 年龄结构   D. 能力结构

（2）化验室检验系统人力资源考核晋级包括（   ）。

A. 考核内容   B. 考核标准   C. 考核方法   D. 考核成绩

（3）加强思想政治教育工作主要可开展（   ）方面的教育。

A. 与时俱进教育   B. 公民道德教育   C. 职业道德教育   D. 爱岗敬业教育

（4）为实行严格的聘任制，不应该做（   ）。

A. 制订岗位规划，建立岗位规范

B. 建立流动机制，制订引进急需人才的措施和办法

C. 配合岗位责任制实施，制订人员考核办法和考核制度，实行定期考核，不根据考核结果实行奖惩和聘任

D. 重点抓好化验室员工的聘任

（5）检验人员的主要职责包括（   ）。

A. 具有上岗合格证，熟悉检验专业知识

B. 掌握采取样品的性质，熟悉采样方法，会使用采样工具

C. 掌握分析所用各种标准溶液的配制、储存、发放程序

D. 认真填写原始记录、检验报告，能够独立解决工作中的一般技术问题

（6）质量负责人的岗位职责包括（   ）。

A. 负责计量检定和实验测试的质量工作，协同技术负责人完成质量任务，解决检验工作中出现的重大技术质量问题

B. 组织实施内部质量体系审核，对《质量手册》的现实有效性负责

C. 负责质量投诉处理工作，并向主管领导报告处理结果

D. 对原始记录、检验报告等技术资料进行检查，以确保检验结果准确、可靠、完整、公正

（7）化验室技术负责人岗位职责包括（   ）。

A. 负责各项技术业务工作的组织领导和实施

B. 技术管理，并对实验过程中的安全负技术责任

C. 组织贯彻执行国家质量监督法规、标准化管理规定和企业质量方针，保证工作质量

D. 参与制定和修订产品、原料技术标准

（8）检验工程师职责包括（　　）。

A. 负责本班的技术业务工作

B. 负责各种记录、报表、台账的准确性及规范记录（仿宋标准）等

C. 负责计量器具的校正工作，仪器破损应及时制订追加校正计划，保证数据的准确性

D. 负责合理化建议、攻关项目的上报工作

（9）质量监督员职责包括（　　）。

A. 协助技术负责人对本系统的检验工作质量进行监督把关

B. 认真检查和核实检验用技术标准，文件的有效性和使用执行是否正确，以及环境条件和仪器设备是否符合规定要求

C. 检查检验是否按规定程序进行

D. 检查检验报告填写是否符合规定要求

（10）计量管理员职责包括（　　）。

A. 认真学习和执行有关计量技术法规及计量器具检定规程

B. 正确使用计量标准器具、标准物质

C. 将计量器具的检定结果、记录资料归档

D. 制订计量检定计划，定期检查各计量器具的使用情况

4. 判断题

（1）仪器设备合格标志是绿色，准用标志是蓝色，停用标志是红色。（　　）

（2）2015 年版 ISO 9000 族标准的结构中，有 4 个核心标准。（　　）

（3）构建化验室检验质量保证体系并使之运行，是企业实施全面质量管理的重要组成部分，是非常重要和十分必要的。（　　）

（4）化验室质量体系应包括化验室的组织结构、管理程序、管理过程和管理员。（　　）

（5）化验室检验系统主要包括系统的人力资源、仪器设备及材料、文件资料。（　　）

（6）化验室检验质量保证体系的基本要素应包括检验过程质量保证，检验人员素质保证，检验仪器、设备和环境保证，检验质量申诉处理，检验事故处理。（　　）

（7）样品的采样基本要求是所采取的样品应具有代表性和有效性。（　　）

（8）仪器设备的性能是否达到标准规定的要求，直接关系到检验工作和检验结果的质量。（　　）

（9）正确地处理好检验质量申诉和检验质量事故，是保证和提高检验工作和检验结果必不可少的重要环节。（　　）

（10）对检验质量申诉材料、处理检验质量申诉所采取的措施及处理结果，应详细记录并归档保存。（　　）

（11）检验质量事故是指由于仪器的差错导致检验结果质量较差，造成不好的影响。（　　）

（12）审核文件是实施现场检查与评审的基础工作。（　　）

（13）内部监督评审工作可分为审核文件、现场评审的准备、现场检查与评审和提出评审报告。（　　）

（14）我国的 GB/T 19000 系列标准是从 ISO 9000 族系列标准等同转化而来的。（　　）

（15）化验室文件资料一般分为管理性文件资料、工作过程性文件资料和技术性文件

资料。　　　　　　　　　　　　　　　　　　　　　　　　　　　　（　　）

（16）国家标准是国内最先进的标准。　　　　　　　　　　　　　（　　）

（17）企业可以依据其具体情况和产品的质量情况制定适当低于国家或行业同种产品标准的企业标准。　　　　　　　　　　　　　　　　　　　　　　（　　）

（18）企业标准一定要比国家标准低，否则国家将废除该企业标准。　（　　）

（19）文件资料的管理不必按照 7S 管理进行。　　　　　　　　　（　　）

参考答案

项目一答案

1.单选题

（1）A （2）D （3）B （4）A （5）B （6）A （7）D （8）A （9）A （10）C （11）D

2.多选题

（1）ABCDE （2）ABCD （3）AC （4）BD （5）ACD （6）ABCD （7）ABCD （8）ABC （9）ABC （10）ABC （11）ABCD （12）ABCD （13）ABCD

3.判断题

（1）√ （2）√ （3）× （4）√ （5）× （6）√ （7）√ （8）√ （9）× （10）√

4.问答题

（1）答：化验工作可能产生有害废气，既影响工作人员健康，也给实验工作带来不便和干扰，因此必须搞好通风设施。

（2）答：不能。因为自来水中含氯离子、亚铁离子、钙离子等，会与其他试剂反应生成沉淀物，故不能直接用自来水配溶液。

项目二答案

1.填空题

（1）计划，日常事务，技术，使用，经济

（2）购置计划编制，设备的申购、选型、论证和审批，申购计划的实施

（3）账卡建立和定期检查核对，保管和使用，调拨和报废，损坏、丢失和赔偿处理

（4）买好，用好，管好

（5）电子线路，元器件，机械部件，主机，中央处理器，外部设备，各种程序

（6）实物管理，环境管理，安全防范

（7）经常储备定额，保险储备定额

（8）储备定额，材料及低值易耗品的供应间隔周期和平均每天需用量，$M=L \cdot D$

（9）对所存储的材料严格验收、妥善保管、厉行节约、保证安全，健全和执行相关的规章制度，实施岗位责任制、提供规范合格的服务

（10）优级纯试剂，分析纯试剂，化学纯试剂

（11）单质，无机物，有机物，指示剂

（12）法定计量单位

（13）锅炉房，交通要道，振动，噪声，烟雾，电磁辐射

（14）标准，监督，纠偏

（15）组织质量目标，作业

（16）爆炸，中毒，触电，割伤、烫伤和冻伤，射线

（17）火药和炸药，易分解

（18）加热过程，化学反应过程

（19）少量物质，刺激，整个机体功能

（20）呼吸，接触，摄入

（21）4

（22）废气、废液和废渣

（23）解毒，深埋

（24）电内伤

（25）静电

（26）静电放电瞬间产生的冲击性

（27）腐蚀性化学试剂

（28）检样，原始样，平均样

（29）代表性，有效性，完整性，取样，储存识别，样品的处置

（30）原始记录

（31）记录，标签，标牌

（32）不同样品的区分识别，样品不同检测状态的识别

（33）待检，在检，检毕，留样

2.单选题

（1）B（2）A（3）A（4）B（5）C（6）B（7）D（8）C（9）C（10）D（11）B（12）A（13）B（14）A（15）C（16）D（17）D（18）C（19）B（20）D（21）D（22）A（23）C（24）D（25）B（26）D

3.判断题

（1）√（2）√（3）√（4）×（5）√（6）×（7）×（8）√（9）√（10）×（11）√（12）√（13）√（14）√（15）×（16）√（17）×（18）√（19）√（20）√

4.问答题

略。

项目三答案

1.填空题

（1）ISO 9000 基础和术语，ISO 9001 要求，ISO 9004 业绩改进指南

（2）策划，实施，检查，行动

（3）检验过程质量保证，检验人员素质保证，检验仪器、设备和环境保证，检验质量申诉处理，检验事故处理

（4）采样和制样质量控制，检验与结果数据处理的质量控制，其他注意事项

（5）监督检验是否具备执行标准所需的检验仪器设备，并能达到使用要求；监督检查化验室环境条件是否满足标准要求；监督检查测试仪器和检测设备及工具是否经过计量检定，并有计量检定证书

（6）绿，黄，红

（7）检验结果的需方对检验结果或得出检验结果的过程提出疑问或表示怀疑，并要求提供检验结果的一方作出合理的解释或处理；由于人为的差错导致检验结果质量较差，造成了不好的影响；是指在检验工作过程中，由于人为的差错或一些客观的、不可预见的因素导致仪器设备损坏或造成人身伤亡

（8）审核文件，现场评审的准备，现场检查与评审，提出评审报告

（9）技术标准，管理标准，工作标准

（10）整理，整顿，清扫，清洁，素养，安全

2.单选题

（1）C（2）A（3）C（4）B（5）C（6）B（7）B（8）C（9）A（10）B（11）C（12）B（13）B（14）A（15）B（16）C（17）D（18）C（19）C（20）B（21）A（22）A（23）A（24）A（25）A

3.多选题

（1）ABC（2）ABC（3）ABCD（4）BCD（5）ABCD（6）ABCD（7）ABCD（8）ABCD（9）ABCD（10）ABCD

4.判断题

（1）×（2）×（3）√（4）×（5）√（6）√（7）√（8）√（9）√（10）√（11）×（12）√（13）√（14）√（15）√（16）×（17）×（18）×（19）×

参 考 文 献

［1］ GB 15346—2012 化学试剂　包装及标志.

［2］ GB 7144—2016 气瓶颜色标准.

［3］ 于世林. 化验员读本. 5 版. 北京：化学工业出版社，2017.

［4］ 全国危险化学品管理标准化技术委员会. 化学试剂卷-危险化学品标准汇编. 北京：中国标准出版社，2006.

［5］ 夏玉宇. 化学实验室手册. 3 版. 北京：化学工业出版社，2015.

［6］ 中国合格评定国家认可委员会编. 化验室认可基础知识，2014.

［7］ 中国合格评定国家认可委员会编. 化验室认可评审员培训教程，2013.

［8］ 魏恒远. ISO 9001 质量管理体系及认证概论（2015 版）. 北京：化学工业出版社，2018.

［9］ 中国合格评定国家认可委员会. CNAS-GL001 实验室认可指南，2018.